[NUT]RITION DES VÉGÉTAUX

CONSIDÉRÉE

Dans ses rapports avec la Chimie, la Physiologie

ET

L'AGRICULTURE,

PAR

FRÉD. FRAISSE,

Pharmacien à Saint-Nicolas, ex-Pharmacien des hôpitaux de Paris,
Membre de la Société d'émulation pour les sciences pharmaceutiques
de Paris, Membre correspondant de la Société des sciences
médicales du département de l'Allier (Gannat).

PRIX : 1 FRANC.

NANCY,		Sᵀ-NICOLAS,
Mᵐᵉˢ GONET, LIBRAIRE.		P. TRENEL, IMP.-ÉDIT.

1853

LE LIVRE

DU CULTIVATEUR.

St-Nicolas (Meurthe), imp. de P. Trenel.

LA NUTRITION
DES VÉGÉTAUX

CONSIDÉRÉE

dans ses rapports avec la Chimie, la Physiologie

ET

L'AGRICULTURE,

PAR

FRÉD. FRAISSE,

Pharmacien à Saint-Nicolas, ex-Pharmacien des hôpitaux de Paris,
Membre de la Société d'émulation pour les sciences pharmaceutiques
de Paris, Membre correspondant de la Société des sciences
médicales du département de l'Allier (Gannat).

PRIX : 1 FRANC.

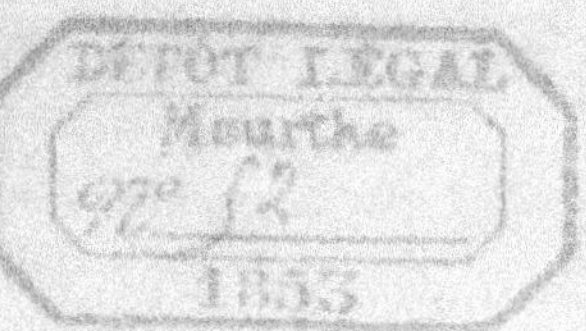

NANCY,   St-NICOLAS,
Melle GONET, LIBRAIRE.   P. TRENEL, IMP.-ÉDIT.

1853

AVIS DE L'ÉDITEUR.

Vulgariser quelques connaissances puisées dans les livres ou les leçons des savants, tel a été le but de l'auteur. Nous associant complétement à ses intentions, nous avons recueilli, en un petit volume, les articles de ce travail, publié dans l'*Indicateur général des départements de l'Est*. Puissent nos efforts communs contribuer à répandre, chez les cultivateurs, quelques notions théoriques sur l'art si noble auquel ils ont voué leur ardeur et leurs fatigues.

LE
LIVRE DU CULTIVATEUR.

INTRODUCTION.

Esquisse générale de la vie d'une plante.

Comment viennent les fleurs? Vous est-il jamais arrivé de vous le demander? et cependant Dieu les a jetées partout et à pleines mains , sur les montagnes , dans les plaines , dans le salon du riche où elles étalent sur le marbre leurs couleurs éclatantes , et jusque sur l'appui de la croisée du pauvre , où mêlées aux festons de verdure , elles encadrent un morceau de ciel d'été. Eh! bien , je vais essayer de vous le dire. Je vous dévoilerai un à un tous les mystères de leur vie , et vous verrez ce qu'il a fallu de sagacité intelligente aux hommes qui les ont pénétrés.

Nous allons partir de l'éclosion de la plante dans la graine, qui est l'œuf végétal, et nous la suivrons dans ses développements successifs jusqu'à sa mort.

Avant d'ensevelir la graine en terre, si vous avez la curiosité de l'examiner dans toutes ses parties, vous trouverez d'abord sous l'enveloppe un corps un peu dur, ordinairement blanc ou jaunâtre, appelé vulgairement amande de la graine, c'est le *cotylédon*. Que ce cotylédon se divise ou non, en regardant attentivement à la surface ou dans l'intérieur, vous découvrez un petit corps qui s'en détache, c'est le germe de la plante, c'est l'*embryon*.

Que faudrait-il à l'embryon pour devenir un végétal en tout point semblable à celui qui l'a produit ?

De la terre, de l'air, de la chaleur et de l'eau.

La terre, comme vous le savez, est indispensable à presque toutes les plantes. Si quelques-unes, comme les hyacinthes, etc., peuvent à la rigueur s'en passer, si quelques autres, comme les plantes qui tapissent les murailles, n'en exigent que fort peu, toujours est-il que presque toutes y puisent par la racine les substances propres à leur nutrition.

La présence de l'air et l'action d'une chaleur modérée sont des conditions essentielles au développement de l'embryon ; pas d'air, pas de vie. Trop de chaleur est suivie de mort, une température trop basse amène l'engourdissement.

Mais les conditions précédentes réunies, et sous l'influence de l'eau, les enveloppes de la graine se ramollissent et se brisent, l'amande ou *corps cotylédonaire* se gonfle et se modifie dans sa substance intime pour fournir à la plante-enfant un liquide sucré qui est son premier aliment ; dès ce moment la vie commence, et avec elle le mouvement. La racine s'allongeant rompt un petit sac qui l'enveloppe, elle se ramifie ; la tigelle devient tige et s'élève hors de terre ; parvenue à l'air libre, les follioles couronnant son sommet, se déroulent, se déploient, s'étalent, et devenues de vraies feuilles en remplissent toutes les fonctions.

Voilà la plante, sinon complète, sortie du moins des langes du premier âge. Elle entre dès cette époque dans la période d'accroissement. Je ne vous dirai point quelle forme prendront ces feuilles, à quelle hauteur s'élèvera sa tige, toutes ces conditions d'existence sont réglées par la famille, l'espèce auxquelles elle appartient.

Maintenant que la plante possède tous les organes nécessaires à son développement, quelle part y prendra chacun d'eux ? comment se fera la nutrition ? Le voilà en peu de mots :

Par la partie la plus déliée des racines, elle

va absorber les substances solides , liquides ou gazeuses , renfermées dans le sein de la terre. Par ses feuilles, elle mettra toutes ces substances en contact avec l'air et l'acide carbonique qu'il contient , et de ce contact naîtront les sucs capables de la nourrir et faire croître.

Mais là ne se bornent pas les fonctions qu'elle a à remplir dans son existence, la Providence lui en a imposé une plus importante, celle de se reproduire et de perpétuer son espèce. Dans ce but , comme aux animaux, elle lui a donné des organes reproducteurs , et sa sage prévoyance , en refusant au végétal la puissance de se mouvoir, a su rassembler presque toujours sur la même plante, et plus souvent encore dans la même fleur, les organes mâles et femelles. C'est donc dans la fleur, sous la double enveloppe du calice et de la corolle , que s'accompliront les amours des plantes.

Là doit se porter toute notre attention.

Savez-vous ce que sont ces fils déliés , tremblant au moindre souffle , qui s'étalent ou se dressent dans l'intérieur de la fleur ? Eh bien ! ils font partie de l'organe mâle et se nomment *filet*. Le petit corps qu'ils portent à la partie supérieure, vu à la loupe, est une espèce de petit sac à un ou plusieurs compartiments , renfermant une poussière fécondante qui est le *pollen* ; il s'appelle l'*anthère* ; le tout constitue l'organe mâle complet ou *étamine*.

Au centre de la fleur se dresse une petite tige ordinairement verte, c'est le *style* ; à la base du style, se trouve un renflement plus ou moins considérable, c'est l'*ovaire*. Là sont enfermés les germes non fécondés des graines appelées *ovules*. La partie supérieure du style est souvent terminée par un corps glanduleux, ou divisée en plusieurs parties, c'est le *stygmate*. Le tout constitue l'organe femelle, le *pistil*.

Connaissant les organes, quand et comment la fécondation s'opère-t-elle ?

La fécondation se fait ordinairement chez les plantes, quand toutes les parties sont arrivées à leur entier développement. Chez quelques-unes d'elles, cet acte est annoncé par des signes précurseurs. L'observateur attentif remarque à cette époque, chez les unes, une agitation passagère et inaccoutumée ; chez les autres, un dégagement de chaleur très-sensible ; chez presque toutes, une grande irritabilité dans les organes. Alors, les étamines se penchent sur le pistil, le pollen s'échappe des anthères et tombe sur le stygmate, le transport de la matière fécondante s'opère, par le canal creusé dans le style, du stygmate à l'ovule, l'enveloppe florale s'épanouit entièrement, et l'acte de la fécondation est accompli.

Peu de temps après, une série de changements annonce que la vie s'est concentrée dans certaines parties de la fleur, au détriment des autres. La corolle se fane, les pétales décolorées se détachent une à une ; étamines, pistils tombent aussi flétris ; l'ovaire seul, qui nous conserve la graine, persiste et s'accroît. Mais bientôt, comme dit le poëte, les feuilles vont jaunir et joncher la terre ; l'hiver balayera, de son souffle glacé, les fruits et les fleurs, et tout aura disparu. Pour beaucoup de ces plantes, ce n'est qu'un sommeil ; mais pour la plupart, c'est la mort. Seulement, il nous reste la graine pour les reproduire.

Après cette rapide esquisse des faits les plus saillants de la vie végétale, je ne terminerai pas sans vous faire sentir les points de contact qui existent entre le végétal et l'être placé dans un rang inférieur de la série animale. A part la puissance locomotrice, nous retrouverons chez lui tous les organes essentiels de la vie.

Les racines qui puisent dans la terre les aliments liquides et solides, ne font-elles pas fonctions d'*appareil digestif ?*

Les feuilles qui aspirent l'air et transforment la sève, ne sont-elles pas de vrais poumons ? et avec les *vaisseaux aériens*, ne constituent-elles pas un véritable appareil respiratoire ?

La moëlle qui rayonne du canal où elle est enfermée jusque sous l'écorce, ne représente-t-elle pas le *système nerveux*?

Quant à l'*appareil circulatoire*, sans avoir d'organe essentiel distinct, n'a-t-il pas ses *vaisseaux propres* et ses *vaisseaux laticifères* qui, se dilatant et se contractant comme les artères, charrient dans tout l'organisme la sève, le sang réparateur de la plante?

Je crois vous avoir fait comprendre comment viennent et vivent les plantes et les fleurs; mais à quelle cause faut-il attribuer le mouvement de ce merveilleux mécanisme? Devant cette question s'arrête toute la science humaine. Les savants qui ont découvert tout ce que je viens de vous dire n'ont pu me l'apprendre. Je sais bien que les uns ont attribué ce phénomène de vitalité à des propriétés particulières de la matière, d'autres à l'électricité, que sais-je encore, d'autres au hasard! Eh bien! à nous qui ne sommes point savants, si l'on demandait qui à créé les plantes, qui fait épanouir les fleurs, qui les pare de leur riant et frais coloris, qui verse dans leurs corolles les suaves odeurs, embaumant l'Océan d'air et de lumière où elles plongent? nous répondrions c'est Dieu!

FIN DE L'INTRODUCTION.

2

NUTRITION
DES VÉGÉTAUX.

Les plantes, comme les animaux, exigent, pour l'entretien de la vie, le concours de substances alimentaires. Ces substances, en éprouvant dans l'intérieur du végétal les modifications qui les rendent propres au rôle qu'elles sont appelées à remplir, servent à augmenter sa masse et à l'amener au développement complet de toutes ses parties. Elles servent en un mot à la *nutrition*.

C'est sous l'influence des importantes fonctions de la nutrition que, chaque jour, nous voyons s'accomplir le surprenant phénomène de l'accroissement des végétaux. Ainsi, le gland jeté en terre produit, au bout de cent ans, un chêne majestueux pesant plusieurs millions de fois plus que lui; la graine de betterave, deux ou trois fois plus pesante qu'un grain de blé, donne, après quelques mois, une racine dont le poids peut atteindre jusqu'à dix kilogrammes.

D'où vient cette énorme disproportion

entre le poids de la graine et celui du végétal produit ?

Elle est évidemment le résultat de l'absorption d'aliments , c'est-à-dire, de la *nutrition*.

Mais où le germe de la semence (*embryon*), après avoir été sevré du premier lait que lui fournit l'amande de la graine (*cotylédon*), a-t-il puisé ses aliments ?

La simple observation nous conduit à la solution de ce problème; ainsi , en portant notre attention sur le milieu dans lequel vit le végétal, nous voyons que par ses racines, il plonge dans le sol , par sa tige et ses feuilles, il baigne dans l'air ; l'air et le sol, voilà donc les deux grands réservoirs où il s'alimente pour s'accroître.

Pour bien comprendre cette vérité , il est utile de rappeler ici la composition de l'air.

L'*Air*, ce milieu dans lequel nous vivons , mais dont nos sens ne peuvent constater la présence, se manifeste cependant à nous par la stricte utilité que nous lui reconnaissons d'entretenir la vie. Il forme autour de la terre une couche gazeuse d'environ 60 à 80 kilomètres (15 à 20 lieues) de hauteur. Son poids, que nous ne sentons pas , parce qu'il nous presse de toutes parts, est énorme. Ainsi, sur un mètre carré de terrain , il dépasse trois mille kilogrammes ; le corps de l'homme, qui représente environ 5 mètres en surface, supporte un poids de 16,000 kilogr. et sur toute la surface du globe, son poids total est de plusieurs milliards de millions de kilogr.

Vous voyez que si la Providence a peuplé la terre d'animaux et de végétaux, c'est avec une magnifique profusion quelle leur mesure ce qui est indispensable à leur existence.

Les anciens rangeaient l'air au nombre des quatre éléments constituant le monde; mais il y a environ 65 ans qu'un révolutionnaire en science, l'immortel Lavoisier, découvrit sa composition; depuis, les progrès de l'analyse chimique ont permis de modifier légèrement dans les chiffres les résultats auxquels il était arrivé.

Ainsi, l'air se compose, sur cent kilog., d'un mélange de soixante-dix-sept kilogr. de gaz azote (*privatif de la vie*) et de vingt-trois kilog. de gaz oxygène (*air vital*); mais on y rencontre en tout temps de l'eau en vapeur (*hydrogène, oxygène*), une petite quantité d'acide carbonique (*charbon, oxygène*), quelques traces d'un gaz appelé gaz des marais (*charbon, hydrogène*), de l'ammoniaque (alcali volatil, *azote, hydrogène*) et de l'acide nitrique (eau forte, *azote, oxygène*). Ces deux derniers produits, très-solubles dans l'eau, disparaissent de l'atmosphère par les pluies qui les enfouissent dans le sol.

Maintenant, que nous sommes sûrs de ces

faits, l'analyse simple et rapide d'un végétal va nous prouver que dans l'air existe la presque totalité des aliments qui ont servi à son accroissement.

Prenons, par exemple, une branche verte de chêne, pesant un kilog., exposons-la à la chaleur d'un été et pesons-la ensuite, nous trouverons son poids diminué de 250 gram. environ ; c'est une demi-livre d'eau (*hydrogène, oxygène*) qu'elle aura perdue. Si maintenant nous l'enflammons, la fumée dont l'odeur suffoque et excite les larmes, contiendra entr'autres produits, du vinaigre de bois (*hydrogène, oxygène, charbon*) et des traces d'ammoniaque (*hydrogène, azote*). La flamme sera produite par la combustion de l'hydrogène bicarboné, etc. (*hydrogène charbon*), identique au gaz d'éclairage. En étouffant à temps la combustion comme on le pratique dans la fabrication du charbon de bois, nous obtiendrons à peu près 375 gram. de charbon. Enfin, si nous opérons la combustion du charbon à l'air, nous obtenons pour nouveaux produits de l'oxide de carbone (*charbon, oxigène*), colorant la flamme en bleu, et de l'acide carbonique (*charbon, oxigène*), dont nous connaissons tous les propriétés délétères ; puis, comme résidu de l'opération, il nous reste environ trente gram. de cendres.

A part les cendres, que nous reste-t-il ? Rien ;

*

tout est retourné à l'air. Ainsi, les éléments de l'atmosphère, voilà ce que nous retrouvons dans les végétaux, voilà les aliments véritables de la plante; qu'ils lui arrivent directement par l'air qui l'environne, qu'ils soient absorbés à l'état gazeux ou en dissolution dans les eaux pluviales, peu importe, leur nature, toujours la même, ne fait que revêtir des formes différentes.

Cette analyse, quelque grossière qu'elle soit, nous démontre évidemment que, pendant son existence, le chêne pour s'accroître, s'est assimilé, de l'hydrogène, de l'azote, de l'oxygène, du charbon et une petite quantité de cendres; et, en rapprochant la composition de l'air de celle du bois, nous voyons de suite qu'à part les cendres, nous retrouvons dans l'un et l'autre les mêmes éléments.

Composition

DE L'AIR.		DU BOIS.	
Azote.		Eau	hydrogène.
Oxygène.			oxygène.
Acide carbonique	charbon oxygène.	Ammoniaque	hydrogène. azote.
Ammoniaque	azote oxygène.	Vinaigre de bois	hydrogène. oxygène. charbon.
Acide nitrique	azote oxygène.	Acide carbonique	charbon. oxygène.
Eau	hydrogène. oxygène.	Oxide de carbone	charbon. oxygène.
Gaz des marais	hydrogène. charbon.	Hydrogène bi-carboné	charbon. hydrogène

Tout végétal vient donc de l'atmosphère et retourne à l'atmosphère, quand une cause violente ou naturelle détruit son existence. Nous le voyons, maintenant, autour de nous flottent sous forme de gaz des substances que nous ne pouvons ni voir ni toucher, capables cependant de prendre une forme visible et palpable.

Ainsi, sous le souffle puissant de la création, le charbon, l'hydrogène, l'oxygène, l'azote et une petite quantité de cendres se transformeront en arbre séculaire ou en humble plante, ils couvriront d'un chatoyant tapis de fleurs et de verdure le squelette pierreux du globe, ils deviendront pour les hommes et les animaux un abri contre les ardeurs du soleil et la fureur des orages, ils constitueront l'aliment indispensable à leur vie et à leurs besoins, et seront le splendide et solennel monument d'une puissance divine.

Organisation intérieure des végétaux.

Avant de dire sous quelle forme les plantes absorbent les substances alimentaires, quelles transformations elles subissent pour concourir à leur accroissement, il est utile de faire connaître en peu de mots leur organisation intérieure.

La partie solide des végétaux est principalement constituée par un faisceau de petits tubes excessivement déliés , très-rapprochés les uns des autres , anastomosés , c'est-à-dire, communiquant entre eux par des ramifications nombreuses , et recouverts d'une enveloppe ou écorce dure et brunâtre dans les plantes ligneuses, molle et verte dans les plantes her- bacées.

Si nous voulons nous convaincre de ce fait, il suffira d'examiner attentivement la surface de la section transversale faite sur un rameau de plante. Les petites ouvertures que nous y découvrons en nombre considérable , sont celles des canaux dans lesquels circule la sève.

On a donné à ces petits tubes le nom de *vaisseaux*. Les uns contiennent de l'air et quelques gaz, et servent à la respiration de la plante ; les autres sont destinés à livrer pas- sage à la sève et y représentent les veines et les artères des animaux : de là leur division en vaisseaux *aériens* et vaisseaux *séveux*.

Tel est en général la structure intérieure des végétaux. Nous ajouterons, cependant, qu'entre ces canaux se trouvent des vésicules, assez semblables dans leur forme aux alvéoles de nos ruches , où circulent l'air et la sève ; des ouvertures qui les filtrent au dehors ou dans des réservoirs intérieurs ; mais tous ces organes résultant en général de transforma- tions successives , sont enlacés les uns avec

les autres par suite d'un intime développement.

De la sève.

La sève, ce sang des végétaux, est un liquide incolore, essentiellement aqueux, chargé, dans la canne, la betterave, etc., d'une
assez grande quantité de sucre; dans l'oseille,
les vrilles de la vigne, etc., d'une assez grande
proportion d'acide; mais le plus ordinairement possédant une saveur douceâtre et par-
fois un peu salée.

Ses fonctions sont de charrier dans les
tissus de la plante les substances qui y entre-
tiennent la vie et contribuent à son accroissement. Aussi est-elle douée d'un mouvement de circulation qui la met successivement en contact avec toutes ses parties. Ce
mouvement de circulation est dédoublé en
deux courants généraux, l'un ascendant,
l'autre descendant. En montant des racines
aux branches et aux feuilles, la sève se fraie
dans le tronc un passage à travers les couches
ligneuses qui avoisinent la moëlle; les autres
parties du végétal en sont aussi imprégnées;
mais c'est surtout vers les plus centrales que
la circulation est plus active et plus abondante. On constate ce fait par une expérience
bien simple: ainsi, en perçant un arbre avec
une tarière dans le sens de son épaisseur, on

remarque que les fragments de bois rejetés
au dehors par l'instrument , deviennent de
plus en plus humides à mesure qu'on avance
vers le centre. Du tronc de l'arbre, la sève se
répand dans les branches, et de là vers les
feuilles. C'est dans l'intérieur de ces véritables poumons des plantes que , sous l'influence de la lumière et de la chaleur, elle se
dépouille de la plus grande partie de ses principes aqueux et devient le fluide nourricier
du végétal, son sang artériel. Ainsi modifiée ,
elle prend une marche rétrograde , descend
entre l'écorce et l'aubier, se transforme en
couches ligneuses qui augmentent chaque année le volume de l'arbre et en mesurent l'âge.
L'existence de la sève descendante est aussi
démontrée par la voie de l'expérience. En
serrant d'un lien de fer, mais fortement , un
jeune arbre , on remarque , après quelques
années , au-dessous de la ligature, un bourrelet que l'accroissement rendra de plus en plus
saillant , tandis qu'au-dessous de cette même
ligature , le développement du tronc restera
stationnaire. Or, si la sève descendante n'exis-
tait pas , ou si la sève ascendante était nutritive , les faits auraient lieu en sens inverse.

Telle est l'esquisse rapide des phénomènes
physiologiques de la nutrition.

Ainsi, c'est dans ces faisceaux de tubes, dans
ces alvéoles végétales, constituant , comme

nous l'avons dit, le tissu des plantes, que la sève, sous l'influence des mystérieuses réactions produites par l'air, la lumière et la chaleur, se métamorphose en sels précieux aux arts, à l'industrie, à la médecine ; en substances tinctoriales dont la main de nos habiles ouvriers sait nuancer et enrichir nos étoffes ; en suaves essences qui font de chaque fleur d'odorantes cassolettes ; mais pardessus tout, comme utilité, en principes nutritifs, que s'assimile la grande classe des animaux herbivores dont l'existence est si intimement liée à la nôtre.

Rôle de l'air.

Comme nous l'avons dit précédemment, le sol et l'air sont les deux grands réservoirs où les végétaux puisent des aliments pour s'accroître.

Mais à ce dernier revient incontestablement le rôle le plus important. Ainsi, ses éléments que nous vous avons fait connaître suffisent, sans le secours du sol, pour amener le végétal à un développement complet, et quelque hardie que paraisse l'assertion, elle n'en est pas moins démontrée par l'expérience directe. Les faits que nous allons rapporter sont dus à M. Boussingault, dont la haute réputation scientifique les met à l'abri de toute contestation. Cet illustre agronome, pour donner un

autre support à ces plantes que le sol, a pris
du sable privé, par le lavage aux acides, de
toute terre végétale; il l'a passé au tamis,
puis chauffé longtemps au rouge, afin d'y détruire toutes traces de matières organiques
pouvant faire fonctions d'engrais; il l'a arrosé
d'eau distillée, c'est-à-dire, privée de sels;
puis, dans ce sol artificiel, type de l'aridité, il
a enfoui diverses semences de plantes usuelles,
et de celles surtout qui semblent exiger le
plus de culture. Non-seulement ces graines y
ont germé, mais presque toutes, fait aussi
surprenant qu'inattendu, n'ayant pour tout
aliment que l'air et de l'eau pure, ont développé une tige, donné des fleurs, puis des semences d'une maturité parfaite.

Dans l'expérience faite sur les pois, la
plante n'avait certes pas une vigueur semblable à celle de son espèce cultivée dans un
sol fumé; ainsi ses tiges avaient bien un mètre à un mètre cinquante de hauteur, mais
elles étaient fort grêles, ses feuilles n'étaient
en superficie que le tiers des feuilles ordinaires, ses gousses, longues de deux centimètres et demi, larges de un centimètre, ne
renfermaient que deux semences.

Des semences de trèfle, soumises à la même
expérience, ont poussé une tige qui a fleuri,
mais elle était chétive, quoique d'un beau
vert.

Des grains de blé, placés dans les mêmes conditions, ont levé : mais la tige n'a jamais dépassé cinquante centimètres et n'a ni fleuri, ni produit.

M. Boussingault a encore varié l'expérience ; il a pris quelques pousses d'avoine germée dans un sol cultivé, il les a transplantées dans de l'eau privée de sels par la distillation. Elles s'y sont développées avec la vigueur de végétation dont jouissaient celles du champ fumé, la grappe a fleuri et donné un grain parfaitement mûr.

Mais pourquoi insister sur ces faits ? Sans entrer dans le laboratoire du chimiste, n'avons-nous pas sous les yeux le continuel exemple de plantes croissant et se développant sans le secours du sol ? Est-ce à la terre que prennent leur nourriture : les lichens qui tapissent les roches les plus arides, les mousses qui donnent à nos édifices cette riche teinte de bronze antique, la joubarbe qui s'étale avec vigueur sur les tuiles de nos toitures, et les mille plantes qui pendent échevelées des murailles en ruine ? Les voyageurs ne nous disent-ils pas dans leurs récits, avec quelle facilité merveilleuse, sous le soleil brûlant des tropiques, croissent les cactus, les aloës, etc., ces plantes à feuilles gigantesques, à végétation robuste, dont les racines fixées dans la fente du roc y trouvent plutôt un point d'attache que des aliments.

3

La puissance nutritive de l'air est désormais pour nous incontestable, et ses éléments, pour pénétrer aux canaux nourriciers, se fraient une voie, et par les racines et par les feuilles qui les absorbent et les modifient.

Rôle du sol.

Considérés au point de vue purement scientifique, les végétaux, d'après les résultats mentionnés ci-dessus, ne seraient que de l'air condensé, matérialisé, et le sol n'aurait rigoureusement à remplir d'autre fonction que celle de leur servir d'appui. Mais au point de vue purement pratique, il en est autrement : ce n'est point à l'air seul et surtout à un sol aride que le cultivateur confie le fruit de ses espérances ; tout ce que la nature, la science et l'expérience auront mis à sa disposition, il l'appliquera à la terre pour lui faire rendre en végétaux, en graines et en fruit, une quantité plus considérable que celle qu'il y aura enfouie par les ensemencements, les semis et les plantations.

C'est d'abord à l'aide des instruments qu'il féconde le sol. En le déchirant avec la bêche, la charrue, il le prépare à recevoir les semences et à laisser à l'air un accès facile vers les racines. Mais le travail ne suffit point encore pour lui donner toute sa fécondité ; aussi, le fouillerait-il avec l'énergique persévérance des fils du laboureur de la fable, à la recherche du trésor, moins heureux qu'eux, il le verrait, après bien peu de temps, refuser à ses fatigues le prix qu'il en attend. La raison, la voilà : l'alimentation fournie aux plantes, d'une vie courte et d'une végétation active, par les agents atmosphériques est insuffisante, le sol lui-même n'est pas inépuisable, et pour entretenir sa fertilité, il faut lui rendre, n'importe sous quelle forme, les aliments enlevés par les récoltes. Ainsi, c'est une condition essentielle de la production en agriculture de remplacer les substances que l'air ne peut fournir. Lorsque cette restitution n'est pas complète, nonobstant tout travail, la fertilité du sol diminue ; elle gagne, au contraire, quand on rend au sol plus qu'on ne lui a enlevé. La substance réparatrice, ajoutée aux terrains pour en empêcher l'amaigrissement, porte le nom d'*Engrais*.

Engrais.

Les engrais sont de nature et d'origine très-diverses; pour les classer, il faudrait, ou les diviser suivant leurs caractères chimiques (*engrais azotés, engrais salins,* etc.), ou bien les partager en catégories, en ayant égard à leur action sur les plantes dont ils favorisent le développement d'une manière plus spéciale (*engrais à céréales*, *engrais à légumineuses*, etc.)... La première méthode serait trop scientifique ; quant à la seconde, malgré tout l'avantage qu'elle semble offrir au premier abord, elle n'est pas assez rigoureuse dans l'application. Nous nous bornerons donc à classer les engrais, d'après leur nature, en deux grandes classes : engrais de nature organique et inorganique ; et en les subdivisant, d'après leur origine : engrais d'origine animale, végétale, végéto-animal (*engrais mixte*), et, enfin, d'origine minérale. Nous ferons rentrer dans cette dernière classe des substances regardées à tort, nous le croyons, comme amendements (*sel*, *plâtre*, etc.).

Engrais
  - organiques,
    - animaux.
    - végétaux.
    - végéto-animaux (fumiers).
  - inorganiques,
    - minéraux.

Engrais fournis par les animaux.

Matières fécales. — Comme activité et énergie, les excréments de l'homme peuvent être placés en première ligne parmi les engrais de cette classe. Aussi, sont-ils devenus, dans les grandes villes, l'objet d'un commerce fort important. Il existe à Bordeaux, Paris, Lyon, etc., des compagnies qui exploitent les matières fécales accumulées dans les lieux d'aisance, pour en fabriquer un engrais appelé *poudrette*.

Cet engrais, fort actif, très-recherché des cultivateurs et des horticulteurs se prépare ainsi en grand : les vidanges sont portées dans de grands bassins creusés dans le sol à la suite les uns des autres et à des hauteurs différentes. Ces réservoirs communiquent entre eux au moyen de vannes. Quand les parties les plus solides sont déposées dans le bassin le plus élevé, on fait écouler, en ouvrant la vanne, les liquides dans le bassin inférieur ; après un laps de temps convenable, on fait passer encore les liquides dans le bassin au-dessous, ainsi de suite. Enfin, en dernier, on se débarrasse des liquides (*eaux-vannes*) en les faisant écouler dans des égouts ou des puits sans fond. Lorsque les matières déposées offrent une certaine consistance, on les enlève pour les mettre en tas sur un terrain incliné ; là elles éprouvent une dessiccation lente que l'on hâte cependant en les remuant à la pelle jusqu'à dessiccation complète. On les verse dans le commerce à l'état pulvérulent, mais frelatées souvent avec de la terre, des cendres de houille, etc.

La durée de l'opération est en moyenne de cinq ans, pendant lesquels le rejet des eaux-vannes, les lavages par les pluies, l'exposition au grand air, l'énergie de la fermentation, font perdre à l'engrais les quatre cinquièmes de sa valeur. Eh bien, malgré ces conditions défavorables, on obtient encore un produit d'un excellent emploi et assez recherché pour qu'il vaille de quatre à six francs l'hectolitre.

Il faut attribuer, sans contredit, à l'odeur infecte, dégagée pendant la préparation, la répugnance qu'éprouve le cultivateur à fabriquer cet engrais. L'emploi de la poudrette n'est certainement pas à l'abri de tout reproche. Elle se décompose avec trop de rapidité et communique souvent aux végétaux destinés à l'alimentation, une saveur désagréable ; on a cherché à remédier à ces inconvénients et l'on y a réussi. C'est sous le nom d'*engrais Salmon*, *engrais Baronnet*, de *noir animalisé* que la compagnie générale des engrais livre à la consommation les matières fécales désinfectées et rendues inaltérables. Le procédé employé en grand peut facilement s'appliquer en petit. Il suffit pour cela de construire avec un tonneau défoncé une fosse d'aisance; pour désinfecter les matières qu'elle contient , il on devra y mêler, un peu chaquejour, ou bien à la fois, une poudre composée de poussier de charbon ou de braise de boulanger, de sulfate de fer (vitriol vert) et de plâtre cru. Voici quelles sont les proportions indiquées par M.

Girardin (1), pour un hectolitre de matières fécales :

Poussier de charbon, 4 kilogrammes.

Plâtre cru, 340 grammes.

Couperose verte, 340 grammes.

On projette dans la fosse ces substances réduites en poudre et bien mélangées ; la désinfection est immédiate et complète ; les matières sont converties en une espèce de terreau plus riche en principes fertilisants que le noir animalisé du commerce. Lorsqu'on vide la fosse, on dispose l'engrais en tas et on le recouvre de terre après en avoir bien mélangé toutes les parties.

Si l'on manquait de charbon, on emploierait, avec un égal succès, les débris des tanneries (*tan*), la sciure de bois, la balle d'avoine, les balayures de greniers à foins et à grains ou la bonne terre.

Il serait temps cependant que l'agriculteur, mettant à profit une découverte aussi importante, ne laissât plus perdre les excréments qui, répandus sur tous les points, deviennent un objet de dégoût et d'insalubrité. Un calcul bien simple va lui faire comprendre ce que lui coûte sa négligence. D'après M. Boussingault, chaque homme produit en moyenne 274 kil. de cet engrais par an ; sa va-

____

(1) Des fumiers considérés comme engrais.

leur vénale peut être représentée par environ
15 fr. ; et, selon le même auteur, c'est plus
qu'il n'en faut à un arpent de terre, pour lui
faire produire la plus riche récolte.

En Chine, où l'agriculture fort avancée est
pratiquée depuis les temps immémoriaux, il
est défendu par les lois du pays de laisser
perdre cet engrais. Ainsi, en mettant à profit
la recette indiquée plus haut, le cultivateur
trouvera, à peu de frais, un engrais dont les
excellents résultats lui feront apprécier l'é-
nergie.

Urines. — On n'utilise point en France les
urines d'homme comme engrais ; c'est encore
une véritable perte pour l'agriculture, car les
substances salines et azotées qu'elles contiennent donnent à la végétation une activité remarquable. On pourrait en tirer un très-bon parti,
en les recueillant dans un réservoir, et en y
ajoutant, par hectolitre, ou du plâtre en poudre (40 à 50 grammes), ou de la couperose
verte (35 à 40 grammes), ou de l'huile de
vitriol (12 à 15 grammes), ou de l'esprit de
sel (30 à 40 grammes); de cette manière, on
obtiendrait un produit inaltérable, riche en
sels et en azote. On emploie cet engrais liquide
en arrosements, ou sur le sol, ou bien sur les
fumiers. On peut aussi se servir de l'urine
fraîche; mais on a soin dans ce cas de l'étendre
de quatre fois son volume d'eau, pour en at-

ténuer l'âcreté qui brûlerait les jeunes plantes.

S'il était nécessaire de citer des expériences, pour prouver l'efficacité des urines employées comme engrais, nous en trouverions un grand nombre, et toutes couronnées de succès, dans les journaux d'agriculture. Mais nous nous contenterons de ne rapporter que les deux essais suivants :

« 1° Dans un terrain nu, couvert de pierre, il fut jeté une grande quantité d'urines. Bientôt de grandes herbes se développèrent sur ce sol où toute végétation était inconnue ; ces herbes furent ratissées et laissées sur place ; il s'y en développa d'autres en plus grande quantité ; elles furent à leur tour arrachées et mises en tas ; on continua de les arroser comme l'avait été le terrain. Ces herbes formèrent un terreau que l'on enleva et transporta sur un espace tout-à-fait stérile (des débris de carrière). On laboura à la houe ce sol qui paraissait complètement improductif, et l'on y sema, au hasard, des pois choisis de l'espèce la plus naine et la plus précoce. La végétation fut si active, si luxuriante, que ces pois acquirent le double de leur hauteur ordinaire, et quoique moins précoces à la vérité, ils donnèrent une abondante récolte.

» 2° Sur un monceau de sable pur, extrait d'une carière, on répandit pendant trois mois le contenu des vases de nuit d'une famille de trois personnes. Ce sable fut ensuite employé comme engrais sur $0^h,0243$ de terre plantés en colza. La végétation fut aussi vigoureuse que si l'on avait engraissé le sol avec d'excellent fumier, et l'on y récolta la même quantité de graine.

» Rien de nouveau dans ces indications; mais, comme l'ajoute judicieusement l'auteur de ces deux expériences, on ne saurait trop publier des faits pratiques qui sont assez concluants pour engager les amis du progrès à utiliser avec plus de soin des substances dont on fait si peu de cas, malgré leur incontestable efficacité sur la végétation. »

Eaux-vannes. — Nous engageons aussi les cultivateurs à ne pas négliger les eaux surnageant les matières des lieux d'aisance. Nous comprenons que les vidangeurs, qui ont hâte de dessécher le plus promptement possible les excréments pour les livrer à la consommation, les rejettent ; mais ce serait se priver d'éléments puissants de production en suivant leur exemple. Ces liquides, riches en sels azotés, contenant en suspension des matières organiques, constituent un engrais fort actif, qu'après avoir désinfecté par les moyens indiqués plus haut, on peut répandre en arrosements sur les terre.

— *Engrais flamand.* — Le procédé d'exploitation des matières fécales, en Flandre,

n'est pas le même que celui suivi dans les
autres pays. Les eaux-vannes ne sont point
séparées des matières solides. On recueille le
tout dans des citernes, dont l'ouverture, assez
étroite pour laisser passer les gaz qui s'en
échappent, ne livre cependant pas un accès
facile à l'air. Par ce moyen, la fermentation
marche lentement et l'engrais n'éprouve que
de faibles déperditions. La viscosité du produit indique qu'il a acquis toutes ses propriétés fertilisantes. Comme il faudrait plusieurs mois avant qu'il ne soit arrivé à l'état
de confection, on a soin de remplacer par de
nouvelles vidanges ce qu'on en retire pour les
besoins ; de cette manière, la portion restante
hâte la décomposition de celle nouvellement
ajoutée, et le cultivateur a toujours de l'engrais
à sa disposition.

Un hectolitre de cet engrais équivaut à
250 kilogr. de fumier de cheval. — Le tonneau qui contient 125 kilogr. de matière,
près de Lille, coûte 30 cent., non compris les
frais de transport, et suffit pour fumer une
surface de 170 mètres carrés environ.

Cet engrais, auquel on ajoute ordinairement six à huit parties d'eau, se répand dans
les champs à l'aide de tonneaux. La bonde
donnant passage au liquide, se trouve au-
dessus d'une planche qui en écarte le jet ; de
cette façon, l'engrais est répandu d'une ma-

nière plus uniforme et sur un plus grand espace. Quelquefois se sont les femmes ou les enfants qui, le puisant dans des baquets avec des cuillères de bois, le déposent au pied de chaque touffe de plantes sarclées.

L'emploi de cet engrais, dont l'odeur infecte persiste plusieurs jours dans la campagne, n'est pas quelquefois sans inconvénients, sinon pour les hommes, du moins pour certains végétaux. Ainsi, les plantes des jardins destinées à la cuisine (choux, salade, etc.), celles avec lesquelles on nourrit les vaches, contractent un goût désagréable pouvant se communiquer au lait. L'expérience a aussi démontré que cet engrais a une influence fâcheuse sur le goût de la betterave et sur son rendement en sucre.

Malgré ces inconvénients, qui sont du reste effacés par de nombreux avantages, nous insisterons encore, en terminant ce paragraphe, sur l'avantage que retirerait les cultivateurs, d'utiliser les effets éminemment énergiques de l'engrais humain.

Deux hommes, auxquels les belles découvertes en agriculture théorique et pratique donnent une autorité incontestable, affirment, que les excréments d'un seul homme, s'élevant en moyenne, par an, à 274 kilogr. environ, contiennent, concurremment avec les agents atmosphériques, les principes fertili-

sants capables de faire produire par an à 50
ares de terrain, la récolte la plus luxuriante !
Après l'assertion de MM. Boussingault et Liebig, veut-on avoir une idée exacte de la valeur
comparative de cet engrais ? Il suffit pour
cela de jeter un coup d'œil sur le tableau
suivant, dressé d'après une série d'expériences consciencieusement exécutées par deux
savants agronomes d'Allemagne, Hermbstaedt
et Schubler :

Un terrain produisant la semence sans aucun engrais. . . . . 3 fois,
La produira pour une égale superficie fumée avec feuilles, débris,
végétaux, etc. . . . . 5 fois,
— — Fumier d'étable. . . 7 fois,
— — Fumier de cheval. . 10 fois,
— — Urines humaines. . . 12 fois,
— — Excréments humains . 14 fois.
Outre la plus grande quantité de produits
obtenus par l'emploi d'un engrais recueilli à
si peu de frais, le cultivateur aura l'immense
avantage de pouvoir diminuer l'emploi du fumier d'écurie, et par suite de pouvoir supprimer une partie de son bétail dans les années où les fourrages font défaut.

Engrais des herbivores.

Engrais suisse, Lizier. — En Suisse, où la
paille est rare, on ne répand point la litière

en couche épaisse sous les animaux ; aussi a-t-on soin , pour recueillir leurs urines non absorbées , de creuser des rigoles derrière eux ; on y dirige aussi leurs excréments solides délayés avec de l'eau et les eaux de lavage de la litière ; le tout est écoulé, en levant une vanne , dans des citernes creusées en terre.

Il faut avoir soin de ne pas laisser s'établir une fermentation trop active au sein des liquides. Aussitôt qu'on aperçoit quelques bulles venir crever à la surface , il faut y jeter promptement ou du plâtre , ou du vitriol vert , pour y fixer les principes volatils , agents précieux de fertilisation. C'est à l'aide d'une pompe qu'on puise cet engrais tous les huit jours ou tous les mois ; on le répand directement sur les terres en culture , à l'aide de tonneaux-arrosoirs. Ce procédé permet au cultivateur d'employer plusieurs fois la même litière sous les animaux et d'avoir à sa disposition un engrais liquide , dont les bons effets se constatent par la prospérité agricole dont jouit ce pays. C'est , du reste , comme nous le voyons , le procédé flamand appliqué aux déjections liquides et solides des animaux herbivores.

Parcage.— Ce mode de fumure consiste à parquer, à l'aide de claies , sur un espace restreint , un troupeau de moutons ; de cette manière, on applique directement l'engrais à la terre avant qu'il ait éprouvé la fermentation. On estime que chaque mouton peut fumer en une nuit, de un mètre carré à un mètre un tiers de terrain. Mais il est des conditions auxquelles il faut se soumettre pour obtenir de bons effets de cette méthode de fumer ; on doit considérer, et l'état et la nature du sol sur lequel on agit. Si l'on parque les moutons sur un sol uni et dur, comme c'est l'habitude, il arrive ceci : les urines, pénétrant difficilement la terre, s'évaporent en partie, le crottin se desséchant, devient une substance presque inerte ; pour parer à ces inconvénients, il faudrait herser le sol avant le parcage, puis passer la charrue peu profondément après l'enlèvement des parcs, on enfouirait ainsi l'engrais avec tous ses sucs fertilisants.

Si l'engrais des bêtes à laine convient à tous les sols (de préférence aux sols argileux), il n'en est pas de même de la manière de l'appliquer. Ainsi, le parcage sur un sol argileux, surtout s'il est humide, sera très-nuisible, parce que le piétinement des animaux consolidera un sol qui, par sa nature, a besoin d'être ameubli ; il sera, au contraire, avantageux à une terre légère qui, elle, demande à être tassée, consolidée.

Le parcage n'est pas la seule manière d'utiliser, comme engrais, les déjections des moutons. En Flandre, dans le nord, on couche les moutons dans des étables et on leur fait litière. L'engrais obtenu, mêlé à une trop grande quantité de litière, a besoin, avant son emploi, d'être mis en tas et arrosé fréquemment, à cause de sa dureté. On possède alors un fumier dans lequel la paille est arrivée à un état satisfaisant de décomposition, facile à répandre, et d'un quart à un tiers plus actif que le fumier ordinaire.

Débris d'animaux. —Tous les débris animaux rejetés, il y a quelques années, ont trouvé une application judicieuse en agriculture, et sont devenus l'objet d'une exploitation fort importante. Ainsi, l'on expédie dans toute la France et à l'étranger, les râpures de corne et de sabots des animaux, les os en poudre, les chiffons de laine désagrégés à chaud, les débris de crins, la bourre, le sang et la chair musculaire desséchés et réduits en poudre. On a si bien reconnu que l'état physique et la composition chimique de ces substances était très-favorable à l'alimentation des plantes, que leur prix s'est successivnment élevé ; ainsi, quoiqu'elles coûtent, rendues chez le cultivateur, de 20 à 50 fr. les 100 kilogr., on les emploie avec avantage à ce prix, incomparablement plus élevé que celui des fumiers ordinaires.

Chair et sang. — Bien que dans les campagnes on n'ait point toujours des engrais de cette sorte à sa disposition, il est bon que le cultivateur, pénétré des bons effets qu'il peut en tirer, sache, le cas échéant, les employer d'une manière convenable. Le sang pourra être répandu sans aucune préparation sur les terres, elles garderont longtemps les traces de sa présence. Quand à la chair des animaux, il faudra la couper en morceaux et l'enfouir dans le sol, ou mieux, la mêler à la chaux vive, puis en faire un compost en y ajoutant de la terre.

C'est mélangés à la suie ou aux excréments, que le commerce livre la chair et le sang des animaux morts, mais on a la précaution de les humecter avec du vinaigre de bois ou de l'huile de goudron, pour empêcher les animaux (rats, taupes, etc.) de fouiller la terre pour les dévorer.

Os. — Les os influent sur la végétation d'une manière fort remarquable, soit par l'azote, soit par les phosphates qu'ils contiennent. Mais, nous ne pouvons les utiliser tels que nous les fournissent les animaux, d'abord, à cause du volume qu'ils offrent généralement, puis de la compacité de leur texture qui, ne permettant pas aux agents de destruction (air, eau) de pénétrer leurs tissus, en retarde indéfiniment la décomposition.

Nous allons donner quelques-uns des moyens employés pour vaincre ces obstacles.

1° Le plus simple, est sans contredit la pulvérisation, c'est aussi le meilleur. La poudre d'os obtenue, on la répand directement sur le sol ; là, trouvant un degré d'humidité convenable, elle s'échauffe, fermente lui fournit des principes azotés par la décomposition de la gélatine qu'elle renferme et l'enrichit de phosphate de chaux constituant les deux tiers de son poids.

2° On peut se servir des os en poudre, en les délayant dans leur poids d'huile de vitriol étendue de trois à quatre parties d'eau ; après une digestion de quatre à cinq jours, ajouter à la bouillie cent parties d'eau , et arroser le sol avec ce liquide acide avant de donner le labour.

3° Un procédé plus commode en ce qu'il évite la pulvérisation des os, toujours longue et difficile, serait de faire digérer, pendant quelques jours, les os cassés au marteau dans de l'acide chlorhydrique (*esprit de sel*) ; d'étendre le mélange ramolli d'eau (100 à 150 p.), de le brasser fortement, et de l'employer en arrosements, comme il est indiqué au 2°.

4° Les os qui ont subi la calcination sont bien moins durs à pulvériser et plus facilement décomposables , n'étant plus protégé par les matières grasses ; pour atteindre ce but , il faut procéder ainsi : on dispose en couche alternative du bois et des os , puis on enflamme le tas. La poudre des os calcinés à blanc est répandue sur les fumiers , où , en présence de l'acide carbonique développé par la fermentation , elle se dissout en partie et les enrichit. Mais par le feu, on a détruit les substances azotées qui , comme nous le savons , ont une si heureuse influence sur la richesse de la végétation.

5° Dans ce dernier procédé, si l'on applique encore le feu aux os , on agit de manière à conserver les produits volatils qui se dégagent par son action. Pour cela , on calcine les os dans un espace clos , muni d'un conduit de dégagement menant les gaz se dissoudre dans une série de vases communiquant entr'eux au moyen de tubes et contenant de l'eau étendue d'acide sulfurique. L'eau chargée de sulfate d'ammoniaque ser t à arroser les terres et devient un excellent engrais. Mais il est fâcheux que ce procédé exige de l'habitude pour réussir et un matériel assez compliqué ; aussi ne l'avons-nous donné qu'à titre de renseignement.

Voilà les différents modes d'exploitation des os. — Cet engrais, d'une énergie incontestable, se fait sentir pendant de longues années; il convient surtout aux céréales qu'il enrichit de principes sanguifiables. Selon M. Liebig, cent parties d'os secs donnent un peu plus de cinq pour cent d'azote par la décomposition de la gélatine animale , elles équivalent par conséquent à deux cent cinquante parties d'urine humaine.

Sabots , cornes , plumes. — Ces substances constituent toutes de bons engrais ; mais la petite quantité que l'on peut avoir à sa disposition fait qu'on les emploiera seulement à la confection des composts.

Laine. — La laine, à l'état de vieux chiffons ou de bourre, est un excellent engrais. Par les propriétés hygrométriques dont elle jouit , elle entretient une humidité convenable dans les terres légères ; par le soufre et l'azote fournis dans sa décomposition, elle est éminemment favorable au développement des végétaux de la famille des crucifères (choux, navette , colza) , et c'est de plus un engrais fort durable. Malheureusement, depuis quelques années , l'industrie l'arrache à l'agriculture. Les fileurs de laine exhument des fumiers les vieux débris de vêtements pour les effilocher , les filer, et les convertir de nouveau en draps. Les consommateurs gagneront-ils à cette transformation ? Nous en doutons ; mais les manufacturiers s'enrichiront pour sûr.

En Angleterre et en France , on emploie comme engrais les eaux sanguinolentes des abattoirs, les eaux grasses des lavoirs publics et celles des fabriques de colle qui contiennent des débris de matières animales. C'est toujours de la même manière que l'on répand ces engrais liquides, soit sur les plantes vivantes pour en activer l'accroissement, soit sur les terres vacantes dans le but de les approvisionner.

Les eaux grasses de la vaisselle, celles de lessive, qui embarrassent et infectent nos demeures, pourront être répandues sur les terres et mieux sur les fumiers ; elles les empêcheront de s'échauffer, elles favoriseront de plus la décomposition des débris de végétaux, rejetés par la cuisine, qui s'y dessèchent dessus sans aucun profit.

Engrais fournis par les oiseaux.

La fiente de pigeons recueillie dans les colombiers et connue sous le nom de *colombine*, est un engrais très-apprécié des cultivateurs pour son énergie ; malheureusement la quantité dont ils peuvent disposer est très-restreinte ; aussi, en France, ne l'emploie-t-on généralement que pour de petites cultures, ou pour les jardins potagers. Dans les pays tels que la Flandre, les départements du Nord, où les colombiers sont nombreux et très-peuplés, on l'emploie dans la culture de l'orge, du lin et du trèfle ; pour la culture de ce dernier, il surpasse les effets du plâtre et de la cendre. On se rend compte de la valeur supérieure de cet engrais, en sachant que ces oiseaux se nourrissent principalement de graines et d'insectes, aliments très-azotés, puis, que leurs excréments accumulés dans des lieux à l'abri du soleil, de l'air et de la pluie, subissent peu d'altération.

Au lieu de laisser s'amonceler, pendant toute une année, les excréments des pigeons et des volailles dans les poulaillers et les colombiers, il serait bon d'y répandre, soit de la balle d'avoine, soit de la sciure de bois et même de la terre, et d'enlever souvent le fumier. On éviterait de cette manière la production de vermine qui tourmente les animaux, puis celle de vers, qui naissant dans le tas d'excréments, en altèrent sensiblement la qualité.

Les poules fournissent sous le nom de *poulaitte*, un engrais un peu moins énergique que la colombine; celui provenant des oies et des canards possède encore une valeur moindre et peut être même nuisible aux prés.

Guano. — La sauvage aridité des côtes sablonneuses du Pérou et de Bolivie est rendue fertile au moyen du guano exporté des îles de la mer du Sud. Ce *Guano*, constitué par les excréments déposés par des oiseaux aquatiques sur ces parages, depuis des temps immémoriaux, a été introduit en Europe en 1840. Il jouit dans les premières années d'une réputation méritée; plus riche en azote que les autres engrais, il produisit à peu de frais des résultats excellents; mais bientôt les marchands d'engrais, en le falsifiant, en compromirent la réputation.

Engrais végétaux.

§ II. *Végétaux verts, - Culture-engrais.* — Il est des cas où l'on est obligé d'avoir recours à un mode de fumure connue sous le nom d'*enfouissement des récoltes en vert*; c'est, lorsque prenant des terrains épuisés, le cultivateur manque d'engrais animaux pour les rendre fertiles; quand la propriété, par sa position est inaccessible aux voitures; quand le sol, pauvre en argile et meuble comme du sable, ne peut conserver assez d'humidité pour désaltérer les plantes exposées aux ardeurs du soleil; enfin, quand la santé des végétaux ou la bonté de leurs produits exige une nourriture peu substantielle. Mais en employant ce moyen, on doit faire un choix judicieux des végétaux-engrais; il faut choisir surtout ceux qui, riches en parties foliacées, prennent le sol comme soutien sans lui enlever des substances nutritives, et puisent surtout leurs aliments dans l'air; enfin, on doit toujours avoir pour but de rendre au sol par ce moyen, ce qui vient de lui et ce qui vient de l'atmosphère.

On doit aussi , dans l'emploi de la culture-engrais, approprier l'espèce de végétaux à enfouir dans le sol à la nature des produits que l'on doit y récolter ; ainsi on emploiera la fève pour le froment. On peut, avec le temps, par le secours de cette plante, fertiliser les terrains les plus médiocres. On la sème par la première pluie après la récolte , dans la proportion de deux hectolitres par hectare, et on l'enfouit en automne lorsqu'elle est en fleurs.

Le lupin , le sarrazin sont surtout cultivés dans les départements du midi pour suppléer à l'insuffisance des engrais, et approvisionner le sol d'une humidité qu'absorbe si promptement la chaleur du climat ; leur croissance rapide, la facilité qu'ils possèdent de s'accomoder de tout terrain, leur richesse en feuilles en font un moyen précieux de fertilisation. Ces récoltes sont enfouies vers la fin de la floraison ou très-peu de temps après.

Le trèfle , le sarrazin , les raves s'accomodent d'un terrain léger et sec , tandis que les pois et les fèves préfèrent les sols argileux.

Culture du trèfle. — La culture du trèfle, introduite depuis quelques années, a permis dans les pays fertiles de supprimer la *jachère-morte* , c'est-à-dire le repos du terrain pendant une année. On sème cette plante au printemps comme une céréale, l'année suivante elle remplace la jachère et à l'avantage de donner deux ou trois coupes de fourrage dont la dernière peut être enfouie pour fertiliser le sol.

Cette *jachère-culture* a l'avantage de procurer au sol un approvisionnement d'engrais par les débris et les racines qui y sont enfouis, et donne en même temps au cultivateur la facilité d'élever un plus grand nombre de bestiaux.

Toutefois, dans les pays où la terre ne jouit pas d'une grande fécondité, la jachère-culture s'emploierait sans profit.

Le trèfle, d'après M. Boussingault, ne peut revenir fructueusement dans un assolement triennal; mais il serait très-avantageux de le faire revenir tous les quatre ou cinq ans.

Ces récoltes-engrais, dont l'usage est surtout répandu dans le midi, diminuent à mesure qu'on approche des départements du nord; c'est qu'elles conviennent mieux aux terres sèches qu'aux terres humides et argileuses, par conséquent aux climats chauds qu'aux climats froids.

Débris végétaux. — On porte aussi avec avantage sur les terrains les débris végétaux; tout en les rendant plus meubles et y introduisant de l'humidité, ce genre de fumure fournit aux récoltes suivantes des substances minérales utiles à leur développement.

Le buis, les bruyères, les ajoncs, les genets, l'ortie commune, la fougère, les tiges et les feuilles de courges, de melons, sont des *végétaux-engrais* riches en potasse, et par cela même, excellents pour la vigne ; ils modifient les terres fortes et y introduisent un engrais dont les effets se font longtemps sentir.

Les feuilles de navette, choux, rave et betterave, riches en azote, sont, d'après M. Boussingault, plus profitables comme engrais qu'à la nourriture du bétail ; elles conviennent à toute espèce de terres et de récoltes, elles peuvent même remplacer le fumier de vache.

Les feuilles d'arbres, qui puisent dans l'air presque toute leur nourriture, enrichissent de leurs dépouilles les sols les plus ingrats ; elles entrent dans la confection du terreau qu'affectionnent tant les plantes délicates de nos jardins ; mêlées aux fumiers, elles en augmentent et la qualité et la quantité.

Une observation avant de finir ce paragraphe : les engrais verts, les moins énergiques de tous les engrais, exigent certaines précautions à prendre dans leur emploi ; appliqués aux sols argileux presque toujours humides et privés de calcaires, ils produiraient les plus tristes effets sur la végétation, et voici pourquoi : ils y enfouiraient d'abord une humidité qui refroidirait un sol déjà si froid, puis comme ils s'aigrissent en fermentant, ils

leur fourniraient un acide qui , ne trouvant
point d'alcali ni de chaux pour se neutraliser,
brûlerait les racines des plantes. Donc, si l'on
n'avait à sa disposition qu'un tel engrais pour
un tel sol, il faudrait amender le terrain avec
de la chaux, des cendres de houille, des plâtras de démolition , pour combattre et l'humidité et l'acidité produites par cette classe
d'engrais.

*Produit des brasseries. — Marc de hou-
blon.* — Les cônes du houblon, ayant servi à
la fabrication de la bière , peuvent être employés, soit seuls, soit mêlés aux fumiers. Ces
engrais conviennent surtout aux houblon-
nières , ils rendent au sol où elles croissent la
plus grande partie des principes alimentaires
enlevés par la production.

Dans les départements du nord et de l'est ,
où les brasseries sont nombreuses , on pourrait , d'après M. Payen , employer les marcs
de houblon à couvrir les prairies aussitôt
après les avoir fauchées ; on obtiendrait ainsi
une deuxième pousse très-vigoureuse. Voici
la manière de procéder : dans une prairie de
quatre hectares, on fauche d'abord un hectare
et on le recouvre aussitôt ; quand la végétation a repris son activité , un ou deux jours
après, on fauche le deuxième hectare et on le
recouvre en enlevant au rateau le houblon du
premier, ainsi de suite. Par cette méthode, la

prairie donnera de deux à cinq fois plus de produit, et voilà comment on l'explique : les jeunes pousses avoisinant les racines, n'étant point abandonnées brusquement à l'action desséchante de l'air, mais bien au contraire entourées d'ombre et de fraîcheur, comme elles étaient avant par les grandes herbes, croissent promptement ; de plus, les débris de marc laissés sur le sol, après chaque déplacement, leur fournissent encore de l'engrais.

Ce procédé est si avantageux, que les cultivateurs anglais, dans les duchés de Derby et de Cornouailles, n'ont pas hésité d'employer à cet usage des pailles, qui ont cependant dans ce pays une assez grande valeur.

Les balles d'avoine, de froment, etc., pourraient remplacer les marcs du houblon.

Les touraillons des brasseries, c'est-à-dire, les radicelles provenant de l'orge germée, peuvent être directement employés en engrais, mais mieux répandus sur les litières, où ils absorberont les urines.

Produits des huileries. — Les tourteaux de lin, faîne, navette, colza, etc., constituent des engrais dont la supériorité incontestable les fait préférer aux autres de la même classe. Formés de débris de graines contenant de notables quantités d'azote, ils se rapprochent le plus des engrais animaux par l'ammoniaque fournie dans leur décomposition ; mais on ne peut , comme tous les engrais végétaux , les appliquer indistinctement à tous les terrains ; c'est aux terres sèches et brûlantes et non aux sols froids et argileux qu'ils conviennent le mieux.

On les emploie de diverses manières. En Angleterre et dans nos départements du nord, on les pulvérise plus ou moins finement, puis on les répand à la main huit ou dix jours avant les semailles. Aux environs de Lille , Valenciennes , etc., on en saupoudre les jeunes plantes au printemps.

Les tourteaux de lin délayés dans l'eau donnent, après quelques jours de macération, un engrais liquide fort énergique. En Flandre, on les projette en poudre dans les fosses où l'on fabrique l'engrais flamand, ils en augmentent et la viscosité et la qualité.

Produits des sucreries. — Les raffineries fournissent aussi leur contingent d'engrais à l'agriculture. Dans les départements de l'ouest on emploie , depuis trente ans comme tels , les écumes rejetées par la défécation du suc de betteraves. Ces écumes composées d'un mélange de matières organiques végétales, de sang coagulé, de charbon et de sels de chaux sont riches de principes fertilisants et produisent des effets continus sur la végétation. Et cela se comprend , car le charbon agissant comme substance préservatrice, ne permet aux

éléments organiques, surtout au sang, de fer-
menter que lentement et par conséquent place les produits de leur décomposition dans les
conditions les plus avantageuses pour l'assimilation.

Ces résidus autrefois sans emploi se vendent
maintenant jusqu'à 9 francs les 100 kil.

Nous citerons eu terminant comme pouvant
servir d'engrais, les substances végétales dont
l'état de division ou la texture peu volumi-
neuse se prêtent facilement à cet usage, telles
sont : la sciure de bois, les marcs de raisins,
ceux de pommes de terre, la poudre de
graines de lupin torrefiée, le marc de café
pour la floriculture, etc…

Engrais végéto-animaux.

§ III. On désigne sous le nom d'*engrais
mixtes*, *de fumiers d'écurie* un mélange de
substances animales et végétales en décomposition. On les obtient, nous le savons tous, en
répandant de la litière sous les animaux pour
en absorber les excréments tant liquides que
solides. Dans cette classe d'engrais sont compris
les fumiers de cheval, de mouton, de vache et
de porc. Les deux premiers sont des fumiers
chauds; les deux autres sont des fumiers *froids*.

Fumiers chauds. — Fumiers de cheval.
Si cet engrais, riche en azote, convient à tous
les végétaux, il ne peut être avantageusement

appliqué à tous les sols. Dans les terrains
sablonneux et calcaires où l'air a facile accès,
il s'échauffe et fermente avec trop de violence ;
la plupart des substances fertilisantes émises,
n'étant point absorbées par les organes encore
peu développés des plantes, se volatilisent
sans profit ; ou bien, autre inconvénient, il
leur communique une végétation hâtive que
viennent surprendre, trop souvent dans nos climats, les gelées du printemps. Mais enfoui dans
les sols argileux, il combat, par cette chaleur
même, le froid naturel à ces terrains ; puis,
placé dans des conditions d'humidité convenable, il s'y décompose plus lentement, et les
substances gazeuses filtrant plus difficilement
à travers un sol compact, arrivent à mesure des
besoins de la plante.

Litière. — Aux effets produits par les
excréments des chevaux, il faut encore joindre
ceux de la litière ; de sa nature dépend donc
aussi la qualité du fumier. Généralement, c'est
la paille des céréales que l'on emploie à cette
usage ; par sa conformation tubulée et fistu-
leuse, elle éponge très-bien les déjections liquides des animaux, et de plus, elle introduit
dans le sol des quantités notables de substances
alcalines et siliceuses. Ce genre de litière n'est
cependant pas le meilleur, mais c'est le plus
répandu, parce que la paille est le résidu le
plus abondant de nos récoltes. Si l'on avait à

sa disposition des tiges de pois, de vesces, de fèves, de sarrazin, il faudrait bien se garder de les rejeter ; répandues sous les animaux, elles leur fournissent un coucher doux et sain, enrichissent les fumiers d'une grande quantité de sels de potasse, de soude , de chaux et en augmentent par la décomposition des substances azotées qu'elles contiennent la proportion d'ammoniaque.

Dans certaines localités, on enlève tous les jours la litière, on met au tas celle qui est salie, et l'on fait servir de nouveau celle qui n'a pas été trop altérée ; cela se pratique surtout dans les casernes de cavalerie. Ailleurs, on ne fait cette opération que deux fois par semaine ; dans beaucoup d'endroits, on entasse tous les jours de la litière fraîche sur celle de la veille et l'on ne s'arrête que lorsque le tas de fumier s'élève trop haut.

Cette dernière méthode serait sans contredit la meilleure pour se procurer un bon fumier ; la paille bien broyée sous les pieds des animaux s'imprègne plus profondément de leurs excrements, elle se présente aussi dans un état plus favorable à la désorganisation qu'elle doit subir au sein de la terre ; mais la santé des animaux peut souffrir de l'exhalaison des miasmes ammoniacaux produits dans le tas par la fermentation.

Mise en tas. — Généralement , on ne

transporte pas immédiatement sur les terres les fumiers sortant des écuries, cela ne serait possible que dans la petite culture, encore faudrait-il avoir des terrains vacants ; mais dans beaucoup de localités, on les dispose en tas dans les cours et même dans les rues ; c'est une habitude qu'il faudrait bannir, la santé publique peut en souffrir et la qualité de l'engrais ne fait qu'y perdre. Les parties liquides des fumiers, ainsi disposés, s'écoulent en pure perte, les pluies enlèvent les parties solubles et il reste un engrais léger, peu substentiel et ayant perdu plus de la moitié de son activité.

C'est aux soins donnés aux engrais qu'on mesurera, a dit M. Boussingault, l'intelligence du cultivateur et cela est vrai, car l'engrais est la source de la production. Le fumier de cheval ne doit son infériorité qu'à la manière dont il est traité dans les pays même avancés en agriculture ; on ne songe point assez que moins humide, moins gras que celui du bétail, il s'échauffe bientôt à tel point, qu'il se couvre de moisissures et laisse se volatiliser l'élément le plus actif, le plus énergique, l'ammoniaque ; cette déperdition est hâtée bien souvent par la funeste habitude qu'ont les cultivateurs de le remuer sous l'ignorant prétexte de le faire *faire*.

Pour éviter la déperdition du purin, il n'existe d'autre moyen que de recueillir le fu—

mier des écuries dans des fosses ; et qu'on ne se figure pas que ce soit chose bien couteuse. Il n'est pas nécessaires de cimenter ces bassins creusés dans les terres fortes , ils ont besoin seulement d'avoir leurs parois un peu battues ; car si l'infiltration des liquides a lieu en commençant à travers celles-ci , elle est bientôt arrêtée par les particules de matières organiques , qui , en s'y déposant peu à peu, les tapissent d'une couche imperméable. Si la fosse était creusée dans une terre légère , il serait nécessaire de la garnir intérieurement d'une couche de 10 centimètres de terre argileuse bien battue.

Mais le fumier recueilli dans des fosses a encore besoin de soins , il faut pour sa bonne confection éviter les inconvénients que nous allons signaler : 1° que l'engrais ne soit point submergé par l'eau ; 2° qu'il ne soit point entassé trop légèrement. Car, dans le premier cas, la fermentation, qui pour se développer a besoin du contact de l'air, ne peut s'établir, et la paille ne se trouve point dans les conditions voulues pour sa décomposition ; dans le second cas, l'air, au contraire, y a trop grand accès, et la fermentation s'y développe alors avec trop d'énergie.

Voici le mode de traitement indiqué par M. Schattenmann pour les fumiers mis en fosse. On creuse une fosse carrée dont le fond offre deux portions inclinées, par exemple comme les deux côtés d'un livre pas tout-à-fait ouvert, on entasse le fumier sur chacun des côtés, en ayant soin de fouler avec les pieds chaque nouvel apport, puis on creuse au centre un réservoir où vont se rendre les eaux en suivant la pente. Ce réservoir est muni d'une pompe servant à rejeter sur les deux tas, les eaux qui en découlent; de cette manière, on y entretient une humidité convenable, et il n'y a aucune perte, car les liquides sont peu à peu absorbés par le fumier.

Pour augmenter la qualité de l'engrais, ce savant agronome conseille d'ajouter du sulfate de fer aux eaux du réservoir, ou de répandre du plâtre en poudre entre chaque couche de fumier; les produits volatils du fumier sont à l'aide de ce moyen rendus stables. On ne saurait trop insister auprès des cultivateurs pour leur faire adopter ce mode d'opérer; par ces moyens simples et peu dispendieux, ils obtiendront dans l'espace de deux ou trois mois un fumier parfaitement fait, aussi gras et aussi pâteux que celui des bêtes à cornes, et dont l'énergie doublée se manifestera évidemment par la fertilité qu'il donnera aux terres.

Dans la petite culture, ce procédé est facile à appliquer, le cultivateur pourra remplacer la pompe par un seau muni d'un long manche.

Les eaux et les urines de ces fumiers répandues dans les prés, après avoir été saturées de sulfate de fer ou de plâtre, y produiront une végétation vigoureuse; la pousse des plantes indiquera les traces de l'arrosement, comme le plâtre laisse sur le trèfle la trace des figures qu'on y a formées.

Généralement, dit encore l'habile directeur des usines de Bouxwiller (Alsace), on ne se fait pas une idée assez grande de la quantité d'eau qu'exige le fumier de cheval mis en tas, et cependant on se l'explique, quand on sait que, s'échauffant beaucoup, il doit donner lieu à une évaporation très-grande. Il serait nécessaire de l'abriter et contre les ardeurs dévorantes du soleil, et contre les pluies torrentielles des orages; on y parviendrait au moyen de hangars peu coûteux, ou par des ormes, des mûriers plantés à l'entour; on maintiendrait ainsi une fraîcheur dans les tas, la fermentation par suite marcherait lentement, et les fumiers conserveraient une valeur qu'ils perdent sans cette précaution.

Fumier de mouton. — Pour compléter ce que nous avons déjà dit sur cet engrais au paragraphe *Parcage*, nous ajouterons ces quelques lignes.

Le fumier de mouton, se décomposant moins promptement dans le sol que celui de cheval, y a une action plus prolongée; mais

comme tous les fumiers *chauds*, ses effets
énergiques, surtout la première année, se
calment la deuxième, pour ne plus se faire
sentir ensuite. Plus substantiel que les autres
fumiers animaux, il convient surtout aux
plantes oléagineuses (colza, navette); il agit
efficacement sur les choux, le chanvre, mais
il nuit au lin en le faisant mûrir trop vite.

L'orge, traité par le fumier de mouton,
renferme moins d'amidon, et donne par suite
moins d'alcool dans la fabrication de la
bière ; aussi les brasseurs lui préfèrent-ils un
orge venu sur autre engrais ; ajoutons à
cela, qu'il germe irrégulièrement.

Cet engrais, contenant des quantités notables de soufre, altère la qualité des végétaux à goût délicat. Une terre abondam-
ment fumée de crotin de moutons, sur
laquelle on récoltera du froment, donnera
un produit d'un travail difficile, la pâte
s'étendra au four. M. Joigneaux attribue
cette particularité à l'action du soufre sur
le ferment.

Fumier de vache. — Ce fumier, toujours
plus humide et renfermant moins de matières
animalisées que les fumiers de chevaux et de
moutons, fermente avec moins d'énergie dans
le sol, et par suite y dégage bien moins de
chaleur ; aussi est-il réputé fumier *froid,
frais.*

Il doit, en partie, ces propriétés à l'influence exercée par l'alimentation sur la nature des excréments ; ainsi les herbages qui, au printemps et en été, sont pâturés par les bêtes à corne, les racines qui, en hiver, leur servent d'aliments ordinaires, tous ces végétaux verts introduisent dans l'estomac, par suite dans les déjections, une grande quantité d'eau. Il n'en est pas de même chez les chevaux et les moutons : ces animaux, nourris presque exclusivement de graines et de fourrages secs, donnent pour résidu des digestions moins d'urine, puis des matières plus fermes, s'échauffant beaucoup et fermentant avec rapidité.

La liquidité dont jouissent les excréments du bétail nécessite, dans les étables, une disposition particulière pour les recueillir : il faut avoir soin de creuser derrière les bestiaux une rigole destinée à conduire dans un réservoir les urines et les eaux très-abondantes non absorbées par la litière. Cette précaution est indispensable à prendre, si l'on ne veut pas perdre les parties les plus actives, les plus riches en principes ammoniacaux fertilisants contenus dans cet engrais.

Ce fumier, nous l'avons dit, fermente lentement ; aussi, employé au sortir des écuries ou peu de temps après, fait-il, comme disent les cultivateurs, *jeter l'herbe*. C'est que les graines de toutes sortes, échappées à la désorganisation dans l'estomac, se trouvent, à cause du peu de chaleur développée dans ces fumiers, dès qu'elles sont enterrées dans le sol, dans des conditions favorables à la germination. C'est dire qu'il ne peut s'employer que lorsqu'il est arrivé à un état de décomposition satisfaisant.

Ce qui fait généralement préférer le fumier de vache à celui de cheval, ce n'est certainement pas sa richesse en substances azotées, il en contient le moins ; c'est que, moins énergique, il est vrai, au début, il est plus durable, plus continu dans ses effets ; puis il renferme des proportions plus grandes de sels de potasse et favorise, par cela même, d'une manière spéciale, le développement des graminées (blé, avoine, etc.). Bien consommé, c'est-à-dire, privé par une fermentation trop prolongée de ses matières animales, il pourra être appliqué à la fumure des vignes fines, qui recherchent aussi les sels de cette nature.

Nous avons déjà vu qu'aux sols froids, humides, argileux, il faut des engrais chauds ; eh bien ! c'est l'inverse qui se pratique pour les terrains brûlants, secs et légers : à ceux-ci, il faut toujours appliquer les engrais frais, et cela se comprend sans peine ; il est indispensable, pour se placer dans les conditions les plus favorables à la production, de donner à la terre, par les engrais, les qualités qui lui font défaut, soit comme humidité, humus, sels, principes azotés, soit comme porosité, chaleur et aération.

Le fumier de vache, aqueux de sa nature, sera employé avec avantage dans les terrains secs et surtout calcaires ; il y introduira une humidité dont les bienfaisants résultats se feront surtout sentir dans les années de sécheresse.

Fumier et terre. — Quelques praticiens ont conseillé, comme très-avantageux, l'emploi d'un mélange de terre et de fumier. Voici comment on le pratique : on répand, entre chaque couche de fumier de 15 à 18 centimètres d'épaisseur, une couche de terre de 5 à 6 centimètres, ce qui équivaut, par exemple, par ce procédé, à mêler un tombereau de terre de 4 mètres cubes à trois tombereaux de fumier de même contenance. On suspend le mélange un mois avant l'époque de son emploi, afin que la terre soit bien imprégnée des sucs de fumier. Voici les avantages attachés à cette méthode : 1° l'interposition de la terre dans le fumier empêche la fermentation de s'établir d'une manière trop active ; 2° au cas où le fumier est mis en tas et non en fosse, les liquides pouvant s'écouler en pure perte, sont entièrement absorbés ; 3° le fumier déjà mêlé à la terre, est plus apte à être répandu d'une manière uniforme sur le sol ; 4° enfin l'engrais qui, par ce moyen, a bonne apparence et bonne qualité, est augmenté d'un quart.

Schwertz et M. Girardin conseillent aux cultivateurs d'employer à la nourriture du bétail la paille servant à la litière, et d'y substituer la terre. Ainsi, on répand sur le sol des étables, des bergeries, une couche de terre sèche, que l'on recouvre chaque jour d'une nouvelle, jusqu'à ce que les couches inférieures soient bien saturées des déjections. Cette litière minérale peut être appropriée, dans sa nature, avec le genre de terrain sur lequel on apporte le fumier ; ainsi, on prendra une terre calcaire ou sabloneuse pour un champ argileux, et réciproquement ; on pratiquera ainsi l'engraissement et l'amendement du sol tout à la fois. On tirera de ce procédé, d'abord les avantages ci-dessus mentionnés, puis la paille économisée pour la litière et appliquée à la nourriture du bétail permettra d'en augmenter le nombre, et par cela même d'obtenir une masse plus grande de fumier.

Ce moyen, employé surtout dans diverses contrées de l'Angleterre, de l'Allemagne, de la Suisse, pour suppléer à l'insuffisance des pailles employées comme litière, a fourni de bons résultats, et de plus, quand on se sert d'une terre bien sèche, la santé des animaux n'en souffre nullement. On a soin, pour les maintenir propres, de répandre sur la terre une légère couche de litière végétale.

Fumier de porc. — Froid comme le précédent, mais bien plus aqueux, il est réputé par nos cultivateurs comme lui étant inférieur en énergie. En Angleterre, au contraire, on l'estime autant, sinon plus, que le fumier de vache. Cette différence d'appréciation en valeur tire son origine de la manière dont les porcs sont nourris chez nous et dans ce pays. En France, la nourriture ordinaire de ces animaux se compose des eaux grasses de la vaisselle, des débris de végétaux rejetés par la cuisine, des immondices, toutes substances qui donnent une grande fluidité à leurs excréments ; en Angleterre, ils reçoivent des aliments plus consistants, ce sont des pommes de terre, des glands, des grains et du son, aliments qui fournissent un fumier moins aqueux et bien plus énergique. L'influence de l'alimentation sur la qualité de l'engrais se fait sentir d'une manière si remarquable, que Schwertz, après essais sur la même terre et les mêmes plantes, accorde au fumier de cochons bien nourris, une supériorité incontestable sur celui de vache et comme effets et comme durée.

A cause de la liquidité des excréments de ces animaux, de l'habitude qui leur est

propre de briser la paille en la fouillant avec
le grouin , on devra leur fournir une litière
plus abondante qu'aux vaches et aux chevaux;
c'est une précaution nécessaire si l'on veut
en recueillir toutes les déjections.

Cet engrais s'applique avec succès aux terrains brûlants dont il étanche l'aridité par
l'eau qu'il y introduit et y maintient ; il convient aux céréales et agit surtout énergiquement sur les prairies naturelles ; il est employé
avec succès, assurent plusieurs cultivateurs ,
à la fumure des chenevières et des houblon-
nières , mais il communique aux *récoltes-
racines*, aux plantes de tabac, une saveur
désagréable.

Enfoui dans les terres au sortir de l'étable,
il y introduit une grande quantité de semences
non digérées : celles-ci ne tardent pas à y
germer et les couvrent bientôt de mauvaises
herbes ; de plus, le purin très-abondant jouit
à cette époque d'une âcreté funeste aux jeunes plantes.

Il est rare de voir employer le fumier de
porc sans mélange, on l'associe ordinairement
aux autres fumiers de la ferme ; combiné au
fumier de cheval , il introduira dans celui-ci
une fraîcheur dont il a tant besoin , il en
retardera la décomposition toujours si prompte
et en y maintenant les principes fertilisants ,
il y joindra ceux qui lui sont propres.

———

Avant de quitter cette classe d'engrais, résumons en quelques mots les indications les plus importantes à suivre pour leur bonne confection.

1° La qualité des aliments : avec une nourriture substantielle, un fourrage sain et sec, des grains (avoine, etc.) de bonne qualité, on obtiendra moins de déjections ; il est vrai, que si l'on donne des aliments verts et aqueux, mais en revanche on se procurera un fumier jouissant de propriétés fertilisantes incomparablement plus énergiques.

2° L'exercice, la fatigue même, occasionnés par des courses fréquentes ou un travail assidu influeront sur la richesse des engrais en substances azotées. Ainsi, les fumiers sortant des écuries des maîtres de poste sont toujours préférables à ceux provenant des écuries de cavalerie. Chez les cultivateurs, les fumiers fournis, pendant la belle saison, par les chevaux assujétis à un rude labeur, sont toujours plus actifs que ceux recueillis en hiver, époque pendant laquelle les animaux restent inactifs à cause de l'intempérie de la saison ou de l'impraticabilité des chemins.

3° Une litière, qui, tout en épongeant parfaitement les déjections liquides et solides, en se mêlant intimement avec elles par sa nature souple et moëlleuse, peut en même temps enrichir l'engrais des substances salines dont les plantes cultivées ont besoin ;

4° Enfin l'emploi de fosses pour recueillir les fumiers et éviter la déperdition du purin, la partie la plus active ; l'arrosage fréquent des tas pour en modérer la fermentation ; l'usage de substances (plâtre, vitriol vert, etc.), capables de fixer dans l'engrais les principes fertilisants, malheureusement, si volatils, telles sont les conditions essentielles à remplir pour avoir un bon fumier.

Emploi des fumiers. — C'est ordinairement en hiver, quand les récoltes sont enlevées, la main d'œuvre moins chère et les animaux disponibles, qu'on extrait le fumier des fosses pour le transporter sur les terres. On possède alors un produit dont le volume est diminué de moitié et dont une fermentation convenable en a rendu les éléments propres à l'assimilation. Cependant, quelques agronomes distingués assurent qu'on retirerait des effets bien autrement énergiques de l'emploi du fumier porté directement sur les terres en sortant des écuries, cela est probable; mais, outre la difficulté qu'on éprouve toujours d'introduire chez la plupart des cultivateurs une bonne habitude, celle-ci n'est pas toujours praticable. Dans une grande exploitation, le transport journalier du fumier *frais* sur les terres nécessite des dépenses assez fortes ; quant à la petite culture, la difficulté viendra le plus souvent, non du transport, mais des terrains ordinairement peu vacants. Ajoutons encore que le cultivateur emploiera avec répugnance le fumier frais, parce qu'il sait très-bien, comme nous l'avons déjà dit, qu'il fait *jeter l'herbe*.

Au demeurant, le cultivateur, en employant un fumier ni trop frais, ni trop fait, en suivant, pour les soins à lui donner, les excellents conseils de M. Schattenmann, pourra attendre sans grand désavantage que l'expérience, appuyée par un grand nombre de faits, ait prononcé sur l'avantage d'employer à la fumure des terres, le fumier récemment sorti des écuries.

On ne saurait trop s'élever contre la funeste coutume de déposer le fumier en petits tas dans les champs, et de l'y laisser plusieurs jours dans cet état; le cultivateur le moins intelligent comprendra que, disposé ainsi, il perdra d'abord une chaleur qu'il enfouirait dans le sol, que le vent, le pénétrant de toutes parts, entraînera dans l'espace les substances volatiles fertilisantes à un haut degré ; que les pluies en le lavant enfouiront dans un petit espace les matières organiques solubles et le purin, et qu'en définitive, le sol se trouvera très-inégalement fumé. La meilleure méthode à suivre, pour éviter ces graves inconvénients, est celle pratiquée en

Belgique : on prend le fumier aux tas portés
la veille, on le place avec la fourche au fond
des sillons que la charrue vient d'ouvrir et
l'on herse ensuite.

Engrais minéraux.

§ IV. Les substances minérales, appliquées
à la culture des végétaux, sont des produits
de l'art ou de la nature. Les unes, par les
principes essentiels qu'elles introduisent dans
la terre, concourent directement à la nutrition ; les autres, en modifiant l'état physique
du sol, c'est-à-dire, en le rendant plus meuble ou plus susceptible d'attirer ou de conserver l'humidité, contribuent indirectement
à augmenter sa *productivité*. Les premières
prennent part à la vie des plantes comme les
autres engrais ; aussi, n'hésitons-nous pas à
les ranger sous cette classe. Les secondes,
agissant mécaniquement sur le sol, ne font
que le placer dans des conditions convenables
pour recevoir les aliments des végétaux, ce
sont de véritables amendements. Nous n'avons
point à nous occuper des amendements. Parmi
les engrais minéraux, c'est du plâtre dont
nous allons d'abord parler.

Plâtre, ou sulfate de chaux. — Cet engrais, dont Franklin popularisa l'usage, produit des effets extrêmement remarquables sur
la végétation. Les plantes qui y sont soumises

se font toujours remarquer par la vigueur de leur port, le beau vert de leur feuillage et la hauteur de leur tige. C'est sans contredit l'un des ferments les plus puissants, agissant énergiquement, même dans des proportions très-restreintes.

Il s'emploie sous deux états : *cru*, c'est-à-dire, tel que le fournit la nature sous le nom de *gypse* ; ou *cuit*, lorsque, par la calcination du plâtre cru, on a enlevé l'eau de cristallisation qu'il contenait. La propriété que possède le plâtre cuit de se réduire plus promptement en poudre, la facilité que l'on a de le répandre plus uniformément dans les champs sous cet état, le fait généralement préférer.

Mais pour retirer tous les effets attendus de cet engrais, il ne faut le répandre que sur des terres convenablement fumées ; il n'agirait point sur un sol maigre et appauvri.

On emploie le plâtre de diverses manières. Certains cultivateurs l'enfouissent dans le sol au moment des labours d'automne ; d'autres, avec plus de raison, le répandent au printemps sur les plantes après une légère pluie, ou bien, le matin, quand la rosée les baigne encore. M. Boussingault pense que, par ce dernier procédé, on obtient une répartition plus égale de cet engrais : en effet, il tombe ainsi des plantes peu à peu sur le sol à mesure qu'il se

dessèche ou que le vent en agite les feuilles.
Dans certaines localités, on fait deux parts
du plâtre : on enfouit l'une avec les semences ;
puis, plus tard, on répand l'autre sur les végétaux ; on fait participer, par ce procédé, et
les racines, et les feuilles à l'assimilation.

Cet engrais affectionne, d'une manière toute
particulière, les plantes de la famille des légumineuses (trèfle, sainfoin, luzerne, fèves,
haricots, etc.), il convient à celles de la famille des crucifères (choux, navette, colza, etc.); tandis que ses effets sont peu
sensibles sur les prairies naturelles, les récoltes
sarclées et les céréales.

Mais le plâtre ne sera pas employé sans
discernement à la culture de toutes les légumineuses, sur celles destinées à l'alimentation : il produirait des effets excessivement
nuisibles, ces végétaux jouiraient, il est vrai,
d'une pousse vigoureuse ; mais, en revanche,
il serait impossible d'en obtenir et les feuilles
et les graines assez cuites. Ce fait s'expliquera
facilement : nous savons tous, que les eaux
chargées de sulfate ou carbonate de chaux,
c'est-à-dire, *crues*, possèdent la propriété de
ne pas cuire les légumes. M. Braconnot, dont
les savantes recherches ont jeté la lumière sur
tant de points osbcurs de la science, nous a
appris que cette résistance à la cuisson était
due à la combinaison d'une substance décou-

verte par lui, et nommée *légumine*, avec le sulfate de chaux. Eh bien ! dans le cas des légumes plâtrés, ce n'est plus dans l'eau qu'est le sulfate de chaux, mais il est répandu dans la plante et la graine où il produit le même effet.

Les fourrages plâtrés présentent souvent l'inconvénient de purger les animaux, et si l'usage exclusif en est trop prolongé, ils sont susceptibles de compromettre leur santé.

La dose du plâtre, employée comme engrais, varie de cent à cinq cents kilogr., et même plus, pour un hectare ; elle n'est limitée, jusqu'à un certain point, que par la valeur vénale de la substance ou celle des récoltes sur lesquelles on veut agir.

Les plâtres des environs de Paris pris sur les lieux se vendent de 9 fr. 50 c. à 10 fr. les 1,100 kilogr. ; ceux de Saint-Nicolas, près de Nancy, se livrent environ à 9 fr. 45 c. les 1,000 kilogr. pris à l'usine ; mais bien que d'un prix un peu plus élevé, ce produit, à cause de sa pureté, des soins donnés à sa pulvérisation, et de son excellente qualité, est très-recherché des cultivateurs de la Meurthe, de la Meuse et des départements circonvoisins.

Si l'on recherche l'abondance des produits, on ne saurait trop préconiser l'usage du plâtre pour la culture des légumineuses (*trèfle*, etc.), des crucifères (*colza*, *navette*, etc.) et des plantes à oignons (liliacées). Ses effets sur les prairies artificielles sont surprenants : il n'est pas rare d'obtenir, par le plâtrage, des récoltes pouvant s'élever au double de celles qui n'ont pas été traitées par ce procédé.

Il est facile de se rendre compte de ce phénomène. Le plâtre, par sa nature physique, retient, comme toutes les substances poreuses ou très-divisées, les gaz qui s'échappent du sol. Il favorise la formation de sels nitrés très-propres, comme nous le verrons plus loin, à augmenter la fertilité des terres ; il fixe par échange de base les produits ammoniacaux très-volatils provenant des eaux pluviales ou de la décomposition des engrais ; de plus, il apporte la chaux si nécessaire, dans la plupart des sols, à la prospérité des végétaux.

Plâtras des démolitions. — Ces débris, rejetés bien souvent par les agriculteurs, ne sont cependant pas sans effets sur la végétation. Appliqués à la culture de la betterave, ils deviennent pour elle le meilleur engrais : c'est qu'ils contiennent toujours du salpêtre, et que cette substance favorise d'une manière prodigieuse le développement de ces végétaux. L'expérience directe a démontré la vérité de ce fait ; ainsi des agronomes distingués ont employé à ce genre de culture le salpêtre (nitrate de potasse) seul, et ils ont obtenu de remarquables succès.

Phosphate de chaux. — Au paragraphe *Os*, nous avons parlé de l'emploi du phosphate de chaux ; nous n'ajouterons rien ici sur son efficacité. Comme engrais, nous nous bornerons à indiquer un procédé facile, donné par Stenhouse, pour se le procurer. Voilà en quoi il consiste : 1° Pour tout appareil, on dispose l'un au-dessus de l'autre, au moyen d'un support, deux cuveaux en bois d'égale dimension et plus larges que profonds ; celui de dessus a le fond percé d'un trou que l'on bouche peu exactement avec un tampon de paille.

2° Ceci fait, on verse dans le baquet inférieur au moins 25 litres d'urine, dans lequel on délaie 2 ou 3 kilogrammes de poussier de charbon pour fixer l'ammoniaque. Dans le baquet supérieur, on met de la chaux, que l'on arrose d'abord pour la faire fuser, c'est-à-dire, réduire en poudre, puis on ajoute une suffisante quantité d'eau pour la délayer et l'amener à l'état de lait de chaux aussi clair que celui employé au blanchiment des murailles. On examine si le bouchon de paille laisse écouler lentement la liqueur de chaux, et l'on a soin, pendant tout le temps de l'écoulement, de l'agiter avec un balai de bois.

3° Enfin, le liquide écoulé, on enlève le baquet supérieur ne contenant plus rien, on agite fortement le baquet inférieur où sont réunis le lait de chaux et l'urine, puis on laisse déposer. Lorsque le liquide surnageant est clair, on le soutire et on le jette sur le fumier, c'est de l'urine privée d'acide phosphorique ; quant au dépôt de couleur blanc jaunâtre, on le laisse égoutter quelque temps à l'air, puis, quand il est en pâte un peu épaisse, on le retire pour le faire sécher au soleil. Ce produit ainsi obtenu, est le phosphate de chaux brute, facile à réduire en poudre, et ayant sur les céréales la plus heureuse influence.

Chaux des usines à gaz. — Le gaz d'éclairage, en sortant du condensateur, se rend dans l'appareil épurateur, où il traverse plusieurs couches de chaux vive en poudre ; c'est cette chaux que l'on pourra appliquer dans l'agriculture, avec un succès presqu'égal à celui obtenu par le plâtre. Cette substance, en effet, destinée à s'emparer du sulfhydrate d'ammoniaque et de l'hydrogène sulfuré entraînés par le gaz, est presqu'en totalité transformée en sulfure de chaux. Ce nouveau produit, au contact de l'air, se métamorphose en sulfate de chaux ou plâtre, ce qui explique son action comme engrais sur le trèfle et toutes les plantes qui l'affectionnent.

Il ne faudrait pas employer ce sulfure de chaux au sortir de l'usine ; il est utile de le laisser un certain temps exposé à l'air pour permettre aux huiles bitumeuses, nuisibles à la végétation, de se volatiser.

Cendres. Résidus de la combustion des plantes, les cendres doivent être certainement considérées, parmi les engrais minéraux, comme le plus approprié à l'alimentation du règne végétal ; constituées en effet par la soude, la potasse, la silice, la chaux, les oxides de fer, etc., etc., elles lui apportent les substances reconnues favorables et même indispensables à une riche végétation ; enfin, elles lui rendent, presque sous la même forme, les éléments fixes qu'il s'était assimilé pendant la vie.

Dans un sol privé de potasse, la vigne ne pourrait prospérer ; dans une terre manquant de silice, les céréales ne posséderaient point une tige assez consistante, assez raide pour soutenir élevé l'épi chargé de grains. C'est que la potasse entre en grande proportion dans le cep et le fruit de la vigne, comme nous le savons par le cas que font nos ménagères des cendres de sarments employées à la lessive, puis, par le tartre qui se dépose dans nos tonneaux. C'est à la silice, c'est-à-dire aux silicates de potasse, de chaux, que les tiges des céréales doivent leur rigidité. Les céréales et la vigne recherchent donc, et la silice et la potasse, c'est-à-dire les cendres.

Malgré l'utilité qu'on leur accorde dans la culture de la vigne, il arrive rarement que le vigneron les emploie à cet usage. Il s'en sert d'abord pour nettoyer le linge du ménage, puis il les vend lessivées aux cultivateurs qui les appliquent aux terres à céréales.

A l'état de charrée, c'est-à-dire lessivées, elles ameublissent et dégraissent les sols argileux, elles y introduisent les sels minéraux utiles à une récolte en blé. Employées vives, leur causticité placerait la germination dans des conditions défavorables; puis, la potasse qu'elles contiennent attirerait et retiendrait l'humidité dans un sol naturellement si froid.

Les cultivateurs des Vosges font un grand emploi de cet engrais. Quand leurs occupations le permettent, ils parcourent les villes des départements voisins pour l'acheter aux particuliers, et le paient environ 25 fr. les 1,000 kilogr. On peut juger du cas qu'ils en font par le prix qu'ils en donnent.

Dans certaines localités, on fume les terres à blé avec moitié charrée, moitié fumier d'étable; dans d'autres, on cendre une année, et à la rotation suivante, on fume; on fournit ainsi et l'azote et les sels minéraux aux plantes.

On pourra utiliser les cendres à la culture de la pomme de terre et généralement aux

végétaux à racines profondes ; elles sont aussi
favorables aux prairies naturelles.

D'après ce que nous avons dit des cendres,
on ne rejetera pas comme on le fait toujours,
les eaux de lessive ; ces eaux qui en contiennent les sels solubles, ajouteront à la qualité
des fumiers sur lesquels on les répandra.

Sel marin. — Les anciens avaient sur l'emploi du sel en agriculture une opinion contraire à celle des praticiens modernes ; aussi
le répandaient-ils, dans le but de le frapper
de stérilité, sur le champ de l'homme flétri
par une comdamnation infamante.

Sous le règne de Jacques Ier, l'anglais
Markam en préconisa l'usage. Après lui, de
1730 à 1800, Huyh, Flatt, Christophe Pa-
che, lord Bacon, etc., dans leurs ouvrages
traitant de l'agriculture, en vantèrent les bons
effets. Plus tard, dans les premières années
de la Restauration, quand il fut question en
France d'abaisser les droits perçus sur le sel
appliqué à l'agriculture, la commission chargée de l'examen de cette question voulut,
avant de prendre une résolution à cet égard,
s'entourer des lumières de l'expérience : elle
chargea Mathieu de Dombasle de faire des
essais. Le célèbre directeur de Roville, après
résultats, conclut à l'inefficacité du sel employé comme engrais. Cette opinion trouva
des contradicteurs parmi des agronomes dis-

tingués. Voilà ce qu'ils disaient ou écrivaient pour la combattre : « L'expérimentateur, tout en prenant les quantités indiquées par les auteurs cités plus haut, n'avait tenu aucun compte de la qualité du sel employé ; il avait fait ses essais avec du sel tel que le livre la régie aux consommateurs, tandis que les agriculteurs anglais, à cause du lourd impôt qui pesait sur le sel raffiné, s'étaient servis du rebut des fabriques, contenant au plus un quart de sel pur. Ainsi, au lieu de seize boisseaux indiqués dans les anciens ouvrages, il aurait fallu en prendre au plus six par quarante ares pour les terres à blé, et trois, au lieu de six, pour les prairies. »

La Constituante de 1848 a aboli l'impôt du sel, et cependant son usage en agriculture ne s'est pas beaucoup répandu.

C'est que le sel est un engrais difficile à manier. Employé en trop grande quantité, il empêche les graines, par la propriété anti-septique que nous lui connaissons, de subir le commencement de décomposition utile pour le développement du germe. Appliqué à un sol sec, sablonneux et manquant de calcaire, il aura pour effet de le rendre stérile ; ce n'est qu'en l'associant à la craie ou à la chaux qu'il y produira de bons effets. Pour modérer son action excitante dans un sol pauvre en terreau et mal fumé, on ne l'emploiera que dissout dans le purin, ou mêlé à du fumier.

En résumé, les contradictions existant sur la valeur de cet engrais, naissent, nous le croyons, d'expériences qui, comme nous l'avons rapporté plus haut, n'ont point été faites dans les mêmes conditions de terrain et de quantité ; puis ajoutons que, à cause des connaissances agronomiques exigées pour son emploi, l'usage s'en répandra fort lentement.

Sels ammoniacaux. — Depuis que les belles recherches des savants sur la composition et la nutrition des végétaux ont fait connaître le rôle joué par l'azote dans leur accroissement, on a été amené à essayer si l'on pourrait substituer des produits artificiels aux fumiers animaux, c'est-à-dire, si l'azote, présenté sous formes de sels azotés, agirait sur les plantes comme les engrais organiques. L'expérience a répondu aux données de la science. M. Schattenmann a publié, en 1843, les résultats d'expériences faites avec le sulfate et le chlorhydrate d'ammoniaque (*sel ammoniac*). La solution de chacun de ces sels dans l'eau marquait 1 degré à l'aréomètre Baumé, et avait été employée en arrosement à raison de 100 hectolitres par hectare.

D'après les renseignements fournis par ce savant, les effets de ces sels sur le froment ont été des plus prononcés. Ils ont été si puissants sur les prairies naturelles, qu'ils en ont doublé la récolte. Sur le trèfle et la luzerne, les résultats ont été nuls.

Vers la même époque, M. Frédérick Kuhlmann faisait aussi des essais dans le même sens, et avec les eaux ammoniacales des usines à gaz saturées par l'acide chlorhydrique (*esprit de sel*). Il obtenait, sur des prairies naturelles, une augmentation de 2,300 kilogr. de foin par hectare. Pour une dépense de 54 fr., il a eu 130 fr. de bénéfice net.

Le même expérimentateur s'est servi aussi, dans ses essais, des dissolutions de nitrate de soude, mias tout en obtenant une récolte plus abondante par cet engrais; son prix de revient, à cause des droits perçus par la douane, s'élevait trop haut pour qu'il n'y ait pas perte à s'en servir.

Ces expériences doivent attirer toute l'attention des praticiens. Il faut espérer qu'après les résultats obtenus des sels ammoniacaux employés comme engrais par les hommes de science, l'agriculture pratique entrera aussi dans cette voie.

Engrais concentrés, liquides, solides de DUSSAUD, HUGUIN. — **Engrais séminal** de SCHARD, etc.

M. Liebig, illustre chimiste allemand, écrivait il y a quelques années : « Il viendra sans

» doute un temps où l'on préparera, exprès
» dans les fabriques, les engrais pour chaque
» terre, pour chaque plante qui doit y pous-
» ser. L'agriculture se trouvera alors au
» même point où en est déjà arrivé en partie
» l'art de guérir. Là on a substitué des prin-
» cipes chimiques à un grand nombre de mé-
» dicaments, dont on ne savait expliquer la
» vertu miraculeuse : ainsi, on administre
» maintenant l'iode, le quinine, la morphine,
» au lieu des éponges calcinées, du quinqui-
» na, de l'opium, qui, comme l'expérience
» l'a prouvé, doivent uniquement leur effi-
» cacité à ces principes. » Les marchands
d'engrais ont-ils réalisé la prédiction du savant ? Leurs annonces, leurs réclames dans
les journaux sembleraient le promettre. Sans
nier tout ce que ces sortes d'ingrédiens peuvent avoir de bon et d'utile dans l'application,
nous pensons que, d'un côté, l'intérêt mer-
cantile en a trop exagéré les bons effets, tandis que, de l'autre, des ennemis peut-être
systématiques en ont trop rabaissé la valeur.

D'après M. Girardin, professeur de chimie
agricole à Rouen, et auteur d'un excellent
petit ouvrage sur les engrais (*), l'engrais
Dussaud se composerait de : eau, 10 litres ;
sel ammoniac, 1 kilogr. ; sang soluble, 1 litre.
Cette analyse a été contestée par les inven-

(*) Des Fumiers considérés comme engrais.

teurs, qui nient positivement l'emploi du sel ammoniac.

Un de nos collègues, M. Harwich, a donné au même engrais liquide, la composition suivante : eau gélatineuse, 1 litre ; sel de nitre, 50 grammes ; ou eau, 1 litre ; colle-forte, 2 grammes ; sel de nitre, 50 grammes.

Sans nous arrêter plus longtemps à leur composition exacte, on sait très-bien que ces engrais sont constitués par des sels ammoniacaux ou des nitrates mélangés avec des noirs animalisés, ou des substances connues dans le commerce sous le nom de sang sec, soluble et insoluble.

La théorie et la pratique, comme nous pouvons le sentir d'après ce que nous avons déjà vu, n'excluent pas l'heureux emploi de ces produits, que nous savons être de puissants excitants de la végétation. Mais, malgré tout, il faudra toujours apporter au sol les amendements exigés par sa nature ou celle de la plante à cultiver.

Voici quels sont les avantages annoncés par les industriels en employant leur engrais : 1° Dans un terrain bien fumé, la récolte sera augmentée dans une proportion énorme. 2° Dans un terrain médiocrement fumé, la récolte équivaudra aux meilleures obtenues par l'ancien procédé. 3° Enfin, sur une terre, où l'on ne pourrait mettre du fumier, en y en—

fouissant de la paille, de la fougère, ou de l'ajonc ; et en employant l'engrais, on obtiendra des récoltes qui dédommageront amplement de minimes avances.

Avant de faire un usage absolu de ces engrais dans les grandes exploitations, il est plus prudent de ne se livrer qu'à des expérimentations restreintes, de bien peser les résultats et les dépenses : de cette manière, on obtient, sur leur valeur, une certitude plus grande que celle puisée dans les livres, les prospectus, voire même les certificats publiés sur ce chapitre.

Eau des arrosements. — Nous ajouterons comme supplément aux engrais de cette classe, l'eau employée aux arrosements des végétaux.

Nous savons tous que sans elle, il ne peut exister de végétation, elle agit surtout comme dissolvant et véhicule des principes et des sels que les végétaux puisent au sein de la terre, et dont ils ne peuvent se passer pour s'accroître. De là l'avantage d'employer de l'eau qui dissout leurs aliments avec le plus de facilité. Au premier rang, nous mettrons l'eau de pluie qui contient comme l'a découvert Liébig, de l'acide carbonique et nitrique et de l'ammoniaque. Puis, vient celle de rivière, qui, elle-même, tient en solution des sels minéraux ; celle des fossés, qui, recélant des débris d'animaux et de végétaux en décomposition, est par cela même chargée de sels ammoniacaux. Mais il faudra éviter d'employer à cet usage des eaux dites *crues* ou séléniteuses, elles sont mortelles pour les plantes. On les reconnaît à la propriété qu'elles possèdent de ne pas cuire les légumes ni dissoudre le savon.

On a imaginé des compositions destinées aux arrosements, mais elles ne sont utilement employées que pour les plantes malades.

Dans les serres, pour empêcher l'eau de se putréfier dans les tonneaux, et de répandre par suite, des odeurs fétides et malsaines, M. Newmann, jardinier en chef du jardin des plantes, a conseillé d'y mettre des petits poissons rouges. Il explique l'efficacité de ce moyen, par le mouvement de ces animaux mettant toutes les couches d'eau en contact avec l'air, et par la destruction pour leur nourriture des insectes qui, pullulant à leur surface, sont une cause de décomposition lorsqu'ils s'y noient.

THÉORIE DES ENGRAIS.

THÉORIE DE LA FORMATION DES ENGRAIS ORGANIQUES.

Composition chimique des végétaux et des animaux.

Considérés au point de vue de leur composition chimique, les végétaux et les animaux offrent une admirable simplicité. Nous avons vu, en effet, que les végétaux donnent en brûlant, comme expression dernière de leur décomposition, des produits, nombreux, il est vrai, mais tous constitués par un nombre très-restreint d'éléments.

Ces mêmes éléments, nous les retrouvons chez les animaux, et cela se comprend très-bien, parce que les animaux, tirant des plantes seules les principes nécessaires à leur accroissement, à leur existence, à leur conservation, ne peuvent créer aucune nouvelle substance élémentaire. Ainsi, dans tout le règne organique (*végétaux, animaux*), on trouve, par la combustion, l'azote, le carbonne, l'oxigène, l'hydrogène, fournissant tous, sous diveres formes, desproduits gazeux, puis la potasse, la soude, la chaux, la magnésie, etc. Combinées avec les acides sulfurique, phosphorique, carbonique, silicique, chlorydrique, forment des sels qui constituent les cendres.

Mais croire que, pendant leur existence, ces produits sont ainsi formés dans les animaux et les végétaux, serait se faire une idée aussi incomplète qu'inexacte de leur constitution. Ce n'est que par suite des nombreuses transformations subies sous l'influence d'une action violente, le feu, que nous arrivons à les obtenir sous cette forme. Pendant la vie organique, ces éléments, si peu nombreux, hydrogène, azote, etc., obéissant à la faculté qu'ils possèdent de se combiner en nombre et en proportions infinis, donnent naissance à des produits très-variés et très-nombreux.

Ces produits affectent, dans les deux grandes divisions du règne organique, des caractères distinctifs. Chez les animaux, ce sont l'azote, le charbon, l'hydrogène, l'oxigène, éléments de la fibrine et de l'albumine, qui constituent la chair musculaire presqu'en totalité ; chez les végétaux, ce sont le carbone, l'oxigène et l'hydrogène, éléments de la pectose et de la cellulose, qui forment leur masse presque entière. Chez les premiers, l'azote domine, tandis que, chez les seconds, c'est le charbon. Aussi, les substances animales donnent surtout, par la combustion, de l'ammoniaque (*azote*, *hydrogène*), les matières végétales de l'acide carbonique (*charbon, oxygène*).

Nous n'énumérerons pas les autres corps

composés que les savants y ont découverts, ce serait sortir du plan que nous nous sommes tracé ; ce simple aperçu doit nous suffire pour nous donner une idée de la composition chimique des végétaux et des animaux.

Transformations subies après la mort par les végétaux et les animaux.

Dès que la vie se retire naturellement ou par accident des végétaux et des animaux, leurs éléments (hydrogène, azote, charbon, etc., etc.) n'obéissant plus à l'attraction qui les forçait à produire des composés permanents, rompent l'équilibre et contractent entre eux de nouvelles combinaisons ; alors arrive la résolution plus ou moins complète de l'être primitif, sa décomposition plus ou moins profonde.

Telle est la cause première de l'altération spontanée subie par les corps organiques, et cela tient surtout à la faible union qui joint leurs éléments entre eux, nous dirions presque au caractère de variabilité et d'inconstance qui leur est propre, puis à la tendance qu'ils semblent éprouver, de se réunir en nombre moins grand pour former des composés plus simples, plus stables que ceux dont ils dérivent. Aussi, après avoir successivement passé par divers états intermédiaires, nous voyons l'hydrogène se porter sur l'oxygène et donner de l'eau, l'azote s'unir à l'hydrogène et fournir l'ammoniaque, l'hydrogène s'unir au charbon et produire l'hydrogène carboné, et enfin le carbone se combiner à l'oxygène pour donner naissance à l'acide carbonique. Après ces changements de nature et de composition subis, le végétal ou l'animal aura presque disparu, ne laissant pour résidu que des matières minérales et des débris charbonneux.

Mais ne sont-ce pas là les résultats constants des altérations produites par l'action du feu?

La pourriture des végétaux et des animaux ne serait donc qu'une véritable combustion marchant lentement et ayant lieu à une température bien moins élevée.

Caractères physiques et chimiques des végétaux en putréfaction.

Les végétaux soumis à l'action décomposante des agents extérieurs, air, chaleur, humidité, changent bientôt de couleur, leur tissu se distend et s'amollit, leurs fibres s'écartent, brunissent, leurs parties molles et liquides se boursoufflent, se couvrent d'écumes, des gaz les distendent, les soulèvent et s'en échappent, la température s'élève au sein du tas qu'elles forment, souvent à un degré assez haut pour y porter l'inflammation.

Dès le début, l'odeur, peu désagréable, devient bientôt aigre, puis elle passe au moisi, enfin, se décèle fétide et ammoniacale. Que s'est-il passé ?

L'hydrogène s'est uni à l'oxygène pour engendrer l'eau qui s'évapore ; il s'est combiné au carbone pour produire l'hydrogène carboné ; combiné avec l'azote, il a donné l'ammoniaque ; enfin l'oxygène s'est accouplé au carbone pour constituer l'acide carbonique. Nous avons obtenu de l'eau, de l'hydrogène carboné, de l'acide carbonique, du carbonate d'ammoniaque, sans parler d'une foule de corps intermédiaires qui, par leur production momentanée, ont créé les odeurs énumérées plus haut.

Ces phénomènes se produisent avec activité d'abord, diminuent bientôt et s'affaiblissent peu à peu. Ils durent un temps plus ou moins long, suivant la consistance du végétal et la température ambiante. Enfin il reste un composé de sels minéraux solubles et insolubles, des débris noirâtres qui, finissant par devenir pulvérulents, constituent le terreau. Le résidu, comparé à la masse primitive, est toujours peu abondant.

Caractères physiques et chimiques des animaux en putréfaction.

Il est de l'essence des matières animales d'éprouver, par la putréfaction, une décom-

position plus rapide, plus profonde, plus al-
térante que les matières végétales. Cela tient
à deux causes : 1° chez les animaux , l'organisation plus parfaite est constituée par un
plus grand nombre de substances composées ;
2° leurs éléments constitutifs , soumis à la
force d'attractions plus multipliées , perdent
facilement leur équilibre et se résolvent en
un plus grand nombre, en une plus grande
variété de produits.

Après la mort, la substance animale se ra-
mollit, sa couleur change et arrive par nuan-
ces successives au brun et au vert foncé, l'o-
deur fade et désagréable au début , devient
bientôt fétide et insupportable, les parties
musculaires se désagrègent , se fondent en
gelée, puis se résolvent en liquides de diverses
couleurs ; il existe dans toute la masse un
léger boursoufflement, la substance diminue
de volume et laisse un résidu gras , noirâtre
et fétide. La partie osseuse résiste seule et ne
disparaît qu'après un grand nombre d'années.

On reconnaît alors qu'il s'est dégagé, comme
produit de la décomposition putride , de
l'eau, des hydrogènes carbonnés , sulfurés et
phosphorés, qui portent au loin l'infection et
surtout de grandes quantités d'ammoniaque.
Il reste, après la volatisation de ces composés
gazeux, du charbon mêlé à une matière sa-
vonneuse formée par la combinaison des ma-

tières grasses avec l'ammoniaque, des phosphates de chaux, des sels minéraux et des nitrates. La production abondante de l'ammoniaque, celle de l'hydrogène phosphoré et sulfuré, la formation des nitrates (nitrification), sont les caractères distinctifs de la putréfaction des matières animales.

THÉORIE DE L'ACTION DES ENGRAIS ORGANIQUES.

L'efficacité des engrais, démontrée surabondamment par la pratique et la science, se rattache à deux ordres de faits : les uns *physiques*, les autres *chimiques*.

Par les premiers, les engrais ne concourent pas directement à la végétation, mais ils entourent la plante de toutes les conditions favorables à son développement ; par les seconds, ils élaborent les éléments indispensables à sa constitution intime, et lui fournissent les substances nécessaires à sa prospérité et à toutes les phases de son développement.

EFFETS PHYSIQUES.

Les fumiers agissent physiquement, par leur état de division, leur faculté d'attirer et d'entretenir l'humidité, et celle de développer la chaleur.

1° En se mêlant au sol, ils le rendent plus poreux, parconséquent plus apte à absorber l'air et l'eau si favorables à la végétation et à la décomposition des débris organiques qui les constituent ; ils lui communiquent de plus, par un ameublement convenable, la propriété importante de retenir les gaz fertilisants qui se volatiseraient sans profit.

2° Ils introduisent, par leur décomposition et retiennent par leur propriété hygrométrique, une humidité bienfaisante dans la terre. Cette eau, tenant en solution les gaz et les sels, est absorbée par les racines et concourt à la formation des organes.

3° Enfin, un dernier effet physique des engrais non moins utile, est d'introduire au sein du sol qui avoisine les racines, une chaleur éminemment favorable à la germination et à la végétation. Cette élévation de température y est produite par le mouvement continuel de leurs éléments en fermentation. Elle est très-marquée dans les terrains bien nourris, car en y plongeant la main, on sent de suite la différence existant entre la température extérieure et celle du milieu solide.

C'est à ce développement de chaleur que les terreaux et les couches doivent la faculté de faire germer des graines et croître des plantes qui périraient ou languiraient dans un terrain ordinaire. C'est aussi à la propriété que possèdent les fumiers frais de dégager trop de chaleur en fermentant avec force au sein du sol, que nous devons cette végétation trop hâtive pour nos climats, où le froid persiste souvent longtemps. Il ne faut pas chercher d'autres raisons, à la répugnance qu'éprouvent les agriculteurs d'employer un fumier mal consommé ou trop peu consumé ; aussi l'appellent-ils *trop chaud*.

Mais les engrais n'agissent pas seulement par les propriétés physiques que nous venons d'énumérer ; par leur composition chimique, ils fournissent des matières qui prennent part à la vie des plantes ; c'est ce que nous allons examiner.

EFFETS CHIMIQUES.

La plupart des plantes destinées à l'alimentation, ou aux besoins des hommes et des animaux exigent les soins minutieux de la culture ; les éléments de l'air seraient insuffisants pour faire parcourir à leur existence, souvent limitée à quelques mois, toutes les phases d'un développement complet et vigoureux. Ce sont les engrais, dont on entoure les racines, qui suppléent à la pénurie des aliments fournis par l'atmosphère.

Les engrais contiennent donc aussi bien que l'atmosphère, les éléments constituant les végétaux, l'azote, l'hydrogène, l'oxygène, le carbone et de plus les cendres. C'est ce que nous avons déjà démontré. Il nous reste à

dire sous quelle forme ces éléments sont of-
ferts aux plantes et par l'air et par les engrais.

CHARBON.

Utilité du charbon.—Le charbon entre pour
une plus grande part que les autres éléments,
dans la constitution des végétaux ; il en forme
la masse principale et concourt à la création
de tous leurs organes. Uni, en effet, aux éléments de l'eau (*hydrogène, oxygène*), il
donne naissance à la gomme, au sucre, à l'a-
midon et au ligneux, cette charpente osseuse
des végétaux; combiné aux éléments de l'eau
avec une proportion d'oxygène en plus, il
produit presque tous les acides organiques; et
uni à l'hydrogène seulement, il donne naissance à cette classe de combinaisons connues sous le nom d'essences, d'huile grasse,
de résine et de cire. Dans tous ces composés,
comme on le voit, c'est le carbone qui domine.

**Etat sous lequel le charbon est pré-
senté aux plantes.**

Les plantes ont donc besoin pour exister,
d'une énorme quantité de carbone.

A quelle source l'armée innombrable de
végétaux qui couvre le globe puise-t-elle cet
aliment? Nous l'avons déjà dit : dans l'air et
le sol. Sous quelle forme pénètre-t-il dans
leurs canaux les plus déliés ?

L'état solide et l'insolubilité complète du carbone ne se prêterait pas à l'absorption, il faut qu'il soit présenté à la plante ou gazeux ou dissous dans un liquide. Ce n'est donc point isolé, mais bien toujours à l'état de combinaison satisfaisant à ces deux conditions, qu'il s'offrira aux végétaux ; c'est allié avec l'oxygène et formant l'acide carbonique. C'est donc de l'acide carbonique contenu dans l'air et de celui fourni par la décomposition spontanée des engrais au sein de la terre, que le carbone du règne végétal tire son origine.

Rôle de l'air. — L'atmosphère est certainement, pour les végétaux, la source la plus inépuisable du carbone, bien qu'elle ne contienne qu'un millième d'acide carbonique ; son poids est si considérable, que le poids total du carbone s'y élève à une quantité plus que suffisante pour suffir à l'alimentation de toutes les plantes répandues sur la terre. Nous savons en effet que sur chaque pied carré de la terre, pèse une colone d'air de 1108,38 kilog : or, connaissant l'étendue de sa surface, on peut calculer facilement le poids de l'atmosphère. Ce poids est immense, il ne se compte plus par unité, mais par millions d'unités ; aussi l'atmosphère pèse plus de cinq mille milliards de millons de kilogrammes. La millième partie de ce poids c'est de l'acide carbonique, contenant environ 27 pour cent de carbone, ce qui porte le poids du carbone à 1,400 milliards de kilogrammes, poids d'après M. Liébig, plus considérable que celui des végétaux du globe. Nous voyons que les plantes trouvent dans l'Océan aërien où elles vivent, une abondante alimentation en carbone; aussi, est-ce principalement à l'air qu'elles l'empruntent : les forêts séculaires, les plantes sauvages en sont une preuve concluante.

Rôle des engrais. — Les plantes, destinées à nos besoins, ne prospéreraient point, avec le concours de l'air seul, dans un sol réduit à ses éléments minéraux ; parce que, dès le début d'une existence bornée à quelques mois, elles ne trouveraient point assez promptement le carbone suffisant à un développement prompt et vigoureux. Il faut donc, puisque par les feuilles elles n'en absorberaient point en assez grande quantité, leur en fournir par les racines. C'est au moyen des engrais qu'on donne pleine satisfaction à leur appétit.

Les engrais, surtout ceux d'origine végétale, remplissent parfaitement ces conditions. Nous avons vu, en effet, que, parmi les produits de la décomposition des végétaux, figure en première ligne, comme abondance, l'acide carbonique ; or, c'est précisément, comme il est admis, la forme sous laquelle le carbone s'incorpore aux plantes. Mais d'où vient, dans la décomposition des végétaux, cet acide carbonique?

Les débris ligneux des engrais enrichissent le sol, où ils pourrissent, d'une substance noirâtre à laquelle on a donné le nom d'*humus* ou terreau; cet humus, au contact de l'air et de l'humidité qui pénètrent la terre, entre en fermentation; de cette combustion lente (*érémacausie*) résulte, comme s'il brûlait réellement au contact de l'air, une production d'acide carbonique. Mais le contact de l'air et de l'humidité sont indispensables pour alimenter la source du carbone, viennent-ils à manquer : la combustion est étouffée, et avec elle l'émission de produit gazeux. Il faut donc le concours de ces deux agents pour que l'aliment ne manque point aux plantes.

L'humus, mêlé aux éléments minéraux du sol, sert donc à hâter, par son acide carbonique, le développement des végétaux usuels (céréales, légumes, etc.); il concourt puissamment, dans le premier âge de la plante, à la formation des organes aériens de la nutrition (feuilles), et par eux, il le met à même de s'assimiler en abondance les aliments atmosphériques; à lui, nous devons cette richesse de production, la joie et la décoration de nos campagnes.

Conséquences pratiques.—Il faut, puisque nous reconnaissons l'importance d'alimenter

les plantes en carbone, leur en fournir sous
toutes les formes. Nous emploierons surtout,
pour y réussir, les débris végétaux, qui,
comme nous l'avons dit plus haut, fournissent
l'humus au sol, l'aliment carbonique par ex-
cellence. Nous aurons soin, ensuite, de placer
cet humus en contact avec les agents qui favorisent sa transformation en acide carbonique; au moyen des labours, du binage,
nous lui donnerons l'air; à défaut de pluie,
par les arrosements et les irrigations, si c'est
possible, nous lui fournirons l'humidité; par
ces moyens, nous exalterons à un haut degré
la puissance productive de nos récoltes.

AZOTE.

Utilité de l'azote. — Aucune plante, fut-
elle enfouie dans le sol le plus riche en humus, ne se développerait sans le concours de
l'azote ou d'une substance capable d'en fournir. Quelle fonction importante remplit donc
cet élément dans la vie végétative ? Les belles
recherches des savants nous la dévoilent.
M. Théodore de Saussure nous a appris que,
pendant la germination des graines placées
sous une cloche pleine d'air et dans un milieu
privé d'engrais, par exemple, dans du sable
calciné ou sur des éponges humides, non-
seulement l'oxygène de l'atmosphère ambiant
était absorbé, mais encore avec lui disparais-

sait une partie de son azote. Que devient cet azote ?

L'analyse des produits de la végétation naissante, faite par M. Payen, y a démontré la présence d'une grande proportion de matières azotées. L'azote a donc été absorbé pour concourir à la production de la partie fibrineuse concrète qui fait le rudiment des radicelles, des bourgeons très-jeunes, et, sans exception, de tous les organes répandus sur toute l'étendue des diverses plantes cultivées, et bien qu'il n'entre que pour une portion relativement petite dans leur masse, il y est tout-à-fait indispensable. En effet, il constitue, concurremment avec d'autres éléments, l'albumine végétale, le gluten, principe nutritif des graines, certaines substances tinctoriales, l'indigo, etc., et les alcalis végétaux, la quinine, etc.

Sources de l'azote. — L'azote, dont le rôle, si important dans l'acte de la végétation, peut être parfaitement apprécié, tire son origine de deux sources : de l'atmosphère et du sol, ou plutôt des engrais organiques qui y sont enfouis.

Air. — Bien que riche d'azote, l'atmosphère ne peut le fournir directement qu'à certaines plantes et dans certaines conditions ; il faut, pour devenir utile aux végétaux, que cet élément soit uni, comme le carbone, à

un autre corps ; c'est sous forme d'ammoniaque , d'acide nitrique , ou plutôt de ces deux
corps combinés , c'est-à-dire , de nitrate d'ammoniaque, qu'il s'infiltre dans la plante pour
former la trame primitive de tous ses organes.

L'analyse ne décèle, il est vrai , que des
traces imperceptibles de ces produits azotés
dans l'atmosphère ; cependant leur existence
y est incontestable, et même, considéré relativement à la masse de l'air qui nous entoure,
leur poids, trouvé si faible par nos instruments, doit s'y élever à des proportions considérables ; l'observation des faits donne à
cette hypothèse toute la certitude d'une vérité. La nature, qui prête aux corps organiques ses éléments pendant la vie , les retire
après la mort ; ainsi tous les jours périssent
des quantités considérables d'hommes et d'a-
nimaux qui, en se putréfiant , rendent à l'atmosphère, sous forme d'ammoniaque, l'azote
qu'ils lui avaient emprunté. Dans certaines
régions des tropiques, sur certains rivages de
l'Océan africain , règne perpétuellement la
tempête ; sous les coups redoublés et énergiques de la foudre, l'azote et l'oxigène de l'air
se combinent et forment de l'acide nitrique.

De la mort et l'orage, naît , dans le vaste
laboratoire de la nature , l'aliment azoté du
règne végétal.

Mais ces produits gazeux, flottant dans une immense espace, profiteraient peu à l'alimentation des végétaux, s'ils n'étaient mis plus immédiatement en contact avec leurs organes. C'est par les eaux pluviales, les dissolvant avec tant de facilié, qu'ils sont ramenés vers le sol. M. Liebig prétend que, si un kilogramme d'eau contient seulement un quart de décigramme d'ammoniaque, quantité bien petite, un arpent de prairie, de bois, ou de blé ayant une étendue de 2,500 mètres carrés, recevra, dans l'espace d'un an, par 1,250,000 kilogrammes de pluie, plus de 40 kilogrammes d'ammoniaque et parconséquent près de 34 kilogrammes d'azote pur.

De l'hypothèse passons au fait : d'après un travail présenté récemment à l'institut par M. Barral, il résulte que dans l'espace d'une année (de 1850 à 1851) les pluies ont fourni à un hectare de terrain 31 kilogrammes d'azote, sous forme d'ammoniaque et d'acide nitrique ; 9 kilogrammes provenaient de l'ammoniaque et 22 kilogrammes de l'acide nitrique; d'après ces faits, nous le voyons, l'air devient une source puissante d'alimentation azotée pour les végétaux.

Engrais organiques. — Indépendamment de l'atmosphère, les engrais organiques fournissent leur contingent d'azote aux plantes cultivées. Nous avons déjà vu, que le premier effet de la putréfaction sur les matières animalisées des engrais, est d'en dégager, sous forme gazeuse et soluble, l'ammoniaque. Ce composé, uni à l'acide carbonique fourni par la fermentation des matières végétales, tire son origine des substances azotées fixées surtout dans les tissus animaux.

M. Boussingault a recherché quelle part prenait, dans l'alimentation des végétaux, l'atmosphère et les engrais. En pesant et analysant, d'un côté, les semences des plantes les plus usuelles et la quantité d'engrais nécessaire à leur culture, de l'autre, les produits obtenus, il est arrivé aux résultats suivants : en général, les récoltes renferment une moitié en sus de la quantité première d'azote, le surplus vient donc de l'atmosphère. Le froment fait exception : l'azote de la récolte y représente exactement celui contenu dans la semence et l'engrais ; le froment n'emprunte donc rien à l'atmosphère.

Quant à l'influence des engrais organiques sur la production des substances azotés (*gluten*) dans les céréales, elle est mise hors de doute par la voie de l'expérimentation directe ; ainsi, d'après M. Hermbstaedt, 100 parties de froment engraissé avec du fumier de vache, ont donné près de 12 p. 0$_{\text{/}0}$ de gluten, tandis que la même quantité, traitée avec l'urine humaine, en ont fourni le triple, c'est-à-dire, près de 36 p. 0/0. C'est que le fumier de vache est moins riche en ammoniaque que l'urine humaine putréfiée, engrais que nous savons être le plus énergique et le plus azoté.

D'où l'on conclut que le poids du gluten, dans ces végétaux, est toujours proportionnel à la quantité d'azote employé sous forme d'engrais.

Mais les engrais animaux n'interviennent pas seulement en fournissant leur azote aux organes de formation nouvelle, ils agissent encore comme moyen de décomposition, de transport des sels insolubles ou peu solubles renfermés dans la terre ; ils augmentent ainsi la fertilité du sol, et en exaltant la végétation, la mettent à même de s'approprier l'azote renfermé dans l'atmosphère.

État sous lequel l'azote est présenté aux plantes.

L'azote, comme nous le savons par ce qui précède, est présenté aux plantes sous forme de composés ammoniacaux. L'atmosphère le fournit à l'état de nitrate, et les engrais, de carbonate d'ammoniaque. Ces derniers le présentent, sans contredit, dans les meilleures conditions d'assimilation passibles ; mais la volatilité de ce principe fécondant est une cause permanente de déperdition d'aliments pour les végétaux ; aussi, les engrais préparés avec soin, c'est-à-dire, traités par le plâtre, le vitriol vert (*sulfates de chaux, de fer*), les eaux acidulées, l'enfouissent sans perte dans le sol à l'état de composés stables (*sulfate, chlorydrate d'ammoniaque*).

Quelles transformations subissent dans la terre ces composés ammoniacaux non volatils (*sulfate, nitrate, chlorydrate d'ammoniaque*) provenant de l'air et des engrais? En présence des carbonates de chaux, de magnésie, répandus généralement dans tous les terrains, ils passent de nouveau et peu à peu, sous l'influence de la lumière et de l'humidité, à l'état de carbonate d'ammoniaque; mais, cette fois, le sel azoté sera placé dans des circonstances favorables à son absorption. Il se trouvera, d'un côté, en présence de l'eau, qui en dissoudra une partie pour l'infiltrer, par les racines, dans le végétal ; de l'autre, en présence du terreau, du sol, des matières charbonneuses, qui, par leur état poreux, jouissant à divers degrés de la propriété de le condenser, le tiendront en réserve pour les besoins de la végétation.

C'est donc très-souvent, sinon exclusivement, à l'état de carbonate d'ammoniaque, que l'agent fertilisant est offert à la plante. C'est donc l'ammoniaque qui, combiné aux autres éléments, fournit l'azote aux organes de première formation, et à l'albumine végétale cette partie essentielle des végétaux.

Conséquences pratiques. — Par tout ce que nous avons dit de la haute influence de l'azote sur la végétation, nous nous rendrons compte, d'une manière très-simple, de la supériorité des engrais animaux, riches en ammoniaque, sur les fumiers d'origine végétale. Parmi les premiers, nous comprendrons qu'il y en ait de supérieurs aux autres de la même catégorie, suivant la plus ou moins grande quantité d'ammoniaque qu'ils sont susceptibles de dégager par leur décomposition. Nous nous expliquerons ainsi pourquoi l'urine des animaux, bien plus riche en produits ammoniacaux que leurs excréments solides, l'emporte sur eux en efficacité.

Fixés sur la valeur que nous devons attacher à l'azote contenu dans les engrais, nous lutterons contre la forme volatile sous laquelle il s'y développe, nous chercherons à l'y retenir par les moyens les plus sûrs (plâtre, vitriol vert, etc., etc.), et les moins coûteux.

Mais nous saurons qu'il ne suffit pas d'offrir aux plantes un engrais très-azoté pour obtenir de bons résultats, qu'il faut convenablement ameublir le sol, dans lequel on l'enfouit, par de fréquents labours, en modifier la nature trop forte ou trop légère, par des amendements, afin de lui communiquer, en le rendant poreux, la propriété d'absorber et retenir les produits azotés qui s'y dégageraient en pure perte.

Il est nécessaire aussi, dans l'emploi des engrais animaux, d'y mêler des substances capables d'en ralentir la décomposition (*poussier de charbon, terre carbonisée*, etc.); par ce procédé, le dégagement des substances nutritives sera proportionné à l'appétit et au développement de la plante; mais sans cette précaution essentielle, l'engrais, très-actif au début, deviendrait bientôt inerte.

On se persuadera enfin, par les expériences de M. Hermbstaed rapportées plus haut, que les engrais animaux influent, non-seulement sur la richesse de la végétation des céréales et des fourragères, mais encore sur la proportion des principes nutritifs azotés quelles contiennent.

HYDROGÈNE.

Tandis que l'oxigène ne concourt pas à la formation de toutes les parties des végétaux, que l'azote et le soufre ne se retrouvent que dans certains organes, l'hydrogène, au contraire, partage avec le carbone le privilège d'entrer, indistinctement, dans la composition de la plante toute entière.

Sous quelle forme l'hydrogène pénètre-t-il dans les plantes?

C'est à l'état de combinaison, sous forme d'eau (*hydrogène, oxygène*), soit que les racines la puisent dans le sol, soit que les feuilles l'aspirent dans l'atmosphère, où elle existe toujours à l'état de vapeurs. Pour être certain du fait, il suffit de se rappeler l'expérience intéressante de M. Boussingault. Nous avons vu des graines germer et produire un végétal dans un sol artificiel privé de toute substance organique pouvant servir d'engrais, mais arrosé seulement d'eau distillée ; il est incontestable que, dans ce cas, l'eau a été assimilée directement par le végétal, ou bien que, sous l'influence des forces vitales, ses éléments (*hydrogène, oxygène*) désunis lui ont été présentés à l'état naissant, si favorable à l'assimilation.

La production des essences, huiles grasses, dans les plantes, substances, à quelques exceptions près, composées de charbon et d'hydrogène, nous prouve que les végétaux possèdent pendant leur vie le pouvoir de décomposer l'eau.

OXYGÈNE.

Les plantes, comme nous l'avons vu, absorbent, non-seulement avec avidité l'acide carbonique contenu dans l'air, mais elles jouissent encore de la propriété essentielle d'en dissocier les éléments (*oxygène-charbon*). Le charbon tout entier y reste fixé, et se combinant aux autres éléments, en crée ou développe les diverses parties, tandis que l'oxygène, mis en liberté, retourne en partie vers l'atmosphère. C'est M. Théodore de Saussure qui s'est chargé de démontrer le fait par l'expérience. Cet illustre savant a trouvé, en effet, que le volume de l'oxygène rendu à l'air par les végétaux, n'était pas égal à celui contenu dans l'acide carbonique absorbé. Cette portion d'oxygène qui manque, a donc été retenue pour prendre part, comme le charbon, à la vie du végétal.

Mais l'acide carbonique ne fournit pas seul de l'oxygène aux plantes : l'eau, très-probablement soumise aux-mêmes influences de décomposition, en donne aussi sa part; et, bien que l'expérience directe ne vienne pas, comme pour l'acide carbonique, donner un caractère de certitude à cette hypothèse, il est impossible de ne pas l'admettre. En effet, si la chose ne se passait pas ainsi, il arriverait que l'air, perdant continuellement, sous forme d'acide carbonique, une portion de son oxygène, deviendrait irrespirable après un laps de temps donné. Or, comme la composition de l'air reste invariable, il est donc sûr qu'une portion de l'oxygène contenu dans l'eau est assimilée, tandis que l'autre, s'exhalant dans l'air, vient y remplacer la part d'oxygène de l'acide carbonique qui reste fixé dans les végétaux.

SELS.

Bien que les éléments gazeux, fournis aux plantes sous forme d'acide carbonique, d'ammoniaque, d'eau, par l'atmosphère et les engrais, constituent la partie la plus considérable du tissu végétal, il en existe d'autres qui, s'y trouvant en plus petite proportion, il est vrai, n'exercent pas moins une influence incontestable sur leur développement : nous voulons parler des sels.

Ces substances minérales, résidu constant de la combustion, se décèlent à nous, sous forme de cendres ; elles sont constituées par des chlorures et des carbonates à base de soude et de potasse, de la chaux, de la silice, de la magnésie, des carbonates et phosphates de chaux, des silicates, des oxides de fer, de manganèse, etc.

— A quelles sources les végétaux les ont-ils puisées ? L'expérience va nous répondre.

On crut pendant longtemps, et bon nombre de savants botanistes et physiologistes se rangeaient à cette opinion, que ces substances étaient créées dans l'intérieur même de la plante, par une force particulière développée dans l'acte de la végétation. Cette hypothèse basée sur aucun fait, ne pouvait résister à l'esprit d'examen qui caractérise la science de notre époque ; aussi, quand l'analyse chimique porta sur elle ses investigations, on en recou-

nut toute le fausseté. M. Théodore de Saussure produisit contre elle une foule de faits
résultant d'essais nombreux, et M. Lassaigne
acheva de la détruire par une expérience bien
simple, bien concluante que nous allons citer,
telle que nous la trouvons relatée dans son
mémoire :

« Je plaçai dix grammes de graines de sarrazin dans une capsule de platine contenant
de la fleur de soufre lavée, et que j'avais hu-
mectée avec de l'eau récemment distillée ; je
la posai sur une assiette de porcelaine contenant de l'eau distillée, à la hauteur d'un
demi-centimètre, et je recouvris le tout avec
une cloche de verre, à la partie supérieure de
laquelle il y avait un robinet qui, au moyen
d'un tube de verre recourbé en siphon et ter-
miné par un entonnoir, me permettant de ver-
ser de l'eau de temps en temps sur le soufre.

» Au bout de deux ou trois jours, les graines avaient germé pour la plus grande partie ;
je continuai de les arroser tous les jours, et
dans l'espace d'une quinzaine, elles avaient
poussé des tiges de six centimètres de hauteur, surmontées de plusieurs feuilles.

» Je les rassemblai avec soin, ainsi que
plusieurs graines qui n'avaient point levé, et
je les réduisis en cendres dans un creuset de
platine ; la cendre obtenue pesait 22 déci-
grammes. Dix grammes des mêmes graines de

sarrazin réduites en cendres fournirent les mêmes quantités de cendres. »

Ce résultat prouve d'une manière évidente que les pousses de sarrazin n'ont engendré aucunes substances minérales dans l'acte de la végétation, puisqu'on en retrouve exactement la même quantité dans les graines. Et puisque dans le cas ordinaire, où une plante végète dans la terre, elle donne par la combustion, une quantité de cendres bien supérieure à celle fournie dans le même cas, on peut conclure sûrement que cet excédent de substances minérales lui est fourni, ou par le sol, ou par les engrais avec lesquels elle se trouve en contact. C'est donc au sol et aux engrais que les plantes empruntent les subtances minérales qu'elles contiennent.

Utilité des sels. — La présence constante des substances minérales dans tout le règne végétal ne peut être considérée comme accidentelle et par conséquent inutile ; aussi la science, sans se rendre un compte exact des fonctions qu'elles remplissent soit dans l'acte de la germination, soit dans celui de la végétation, ne met pas moins hors de doute, qu'elles concourent aussi puissamment au développement des plantes, que les autres éléments constituant leur matière organique. Du reste, l'expérience et l'observation viennent à l'appui des données fournies à cet égard par les savants.

M. Boussaingault nous a démontré que si les plantes peuvent vivre et croître dans un sol privé de sels minéraux, ces mêmes plantes sont loin d'y atteindre le luxe de végétation qu'elles puisent dans le sol de nos champs qui les renferme.

Deux expériences, publiées par MM. Viegmann et Polstorf, présentent la question de l'utilité des sels sous deux faces différentes.

Dans la première : ils ont confié plusieurs semences à du sable blanc privé, par le lavage aux acides, des substances minérales solubles ; une humidité convenable, communiquée à ce sable par des arrosements d'eau exempte d'ammoniaque, n'a pas tardé à provoquer leur germination ; l'orge et l'avoine semés ont donné une pousse de cinquante centimètres, qui a fleuri sans porter de graines ; la tige des vesces est arrivée à une hauteur de trente centimètres, a porté des fleurs, puis des gousses, mais privées de graines.

Dans la seconde : à ce même sable stérile, ils ont mêlé des sels produits dans un laboratoire, de manière à le transformer en terroir artificiel ; ils y ont semé les mêmes graines qui, toutes, y ont poussé avec vigueur et ont porté fleurs et graines complètement mûres.

On voit évidemment que les pousses dans la première expérience n'ont point donné de graines et ne se sont point développées avec vigueur, parce qu'elles manquaient des sels qu'on leur a fournis dans la seconde.

Ces sels se retrouvent sous forme de cendres dans toutes les parties de ces plantes ; il n'est plus douteux pour nous qu'ils jouent un rôle important dans leur existence et leur développement.

Si du laboratoire, nous passons à l'observation des faits journaliers de la culture, nous voyons, dans nos pays, qu'un champ, placé dans les meilleures conditions, ne pourra donner la même récolte, en céréales, par exemple, pendant plusieurs années de suite ; que nous serons obligés d'y faire succéder la production de plantes diverses (*assolements*) ; qu'après un certain temps, trois, cinq, etc., années, nous serons forcés de laisser reprendre haleine à la terre, soit en la laissant inculte (*jachère-morte*), soit en la couvrant de végétaux (trèfle, légumineuses) qui, loin de l'épuiser, l'enrichissent de leur débris (*jachère-culture*). Pourquoi suit-on cette marche en agriculture ? Ce n'est certes pas pour varier les produits. C'est que les récoltes diverses, enlevant chaque année les matières salines indispensables à leur développement, finissent par appauvrir le terrain et le rendre stérile. Le repos auquel on l'abandonne pendant une année a pour but de livrer ses parties minérales aux influences de l'atmosphère,

c'est-à-dire , de l'acide carbonique , de l'oxygène , de l'humidité des eaux pluviales et des
variations de la température ; ces agents les
désagrégent peu à peu , leur communique la
propriété de se dissoudre dans l'eau et par
suite d'être placées dans un état convenable à
l'assimilation ; le sol s'approvisionne ainsi des
sels solubles indispensables aux récoltes fu-
tures.

« Le sol des environs de Naples, dit
M. Liebig, peut être considéré comme le
type des terrains fertiles, il est réputé pour
son abondante production en céréales, et cependant son origine ignée ne permet pas d'y
supposer la moindre trace de matière végétale pouvant faire fonction d'engrais. A quoi
attribuer ce fait, dans un pays où l'usage du
fumier est presque inconnu ? Évidemment
aux substances minérales (alcalis, terres alcalines, silices) que ce sol renferme , puis au procédé de culture qui consiste, dans ce pays, à
laisser reposer le sol une année sur trois. En
l'abandonnant ainsi aux intempéries des saisons , les alcalis , terres alcalines et silice qu'il
contient se désagrégent et deviennent peu à
peu aptes à servir d'aliment. »

L'utilité des subtances minérales se décèle
plus évidente encore , quand on descend à
l'examen des conditions qu'un sol doit remplir pour la production de certaines espèces.

L'on voit alors que là où certains sels manquent, la culture de certains végétaux devient impossible.

Ainsi les blés, dans certaines contrées très-riches en humus, ne prospèrent point en force et se penchent debonne heure ; ils sont riches en feuilles, mais privés de fruit, parce que le silicate de potasse auquel la tige doit sa solidité y manque, et que les phosphates de potasse, de chaux et de magnésie nécessaire à la formation de la graine y font aussi défant.

Dans un terrain calcaire ou sablonneux, mais pauvre en argile, c'est-à-dire en silicates, le blé ne peut venir aussi.

Il faut des sels de chaux dans le sol où l'on voudra faire croître le trèfle, les fèves, les pois, le tabac. Les terrains riches en potasse conviennent à la betterave, au navet, au maïs.

Il est indispensable enfin que les plantes trouvent dans le sol les aliments minéraux qui conviennent à la croissance et au complet développement de toutes leurs parties.

Nous l'avons vu, dans l'eau ou la silice leur prospérité est impossible ; dans les terrains qui ne contiennent ni potasse, ni chaux, ni magnésie, on n'obtiendra que des feuilles et des fleurs et si les phosphates y font absolument défaut, on ne pourra jamais obtenir de grains.

Des faits que nous venons de mentionner

et nous aurions pu en citer bien d'autres, il ressort avec évidence que les plantes pour croître et fructifier, reçoivent de la terre les substances minérales que nous venons de mentionner ; que ces dernières faisant partie des végétaux, on ne peut les considérer comme accessoires ; que les éléments du sol enfin, prennent une part des plus actives à l'acte de la nutrition.

Sources des matières minérales. — Sol. — Le sol est non-seulement destiné à servir de support aux plantes, à absorber et conserver pour leurs besoins l'humidité, la chaleur et les gaz provenant de l'atmosphère, à emmagasiner les aliments fournis par la décomposition des engrais, mais encore à leur transmettre quelques-uns de ses éléments.

Un mot sur sa composition. Les sols cultivés sont généralement composés, en proportions très-diverses, de sable, d'argile, de calcaire, mêlés à des quantités moindres de sels magnésiens, d'oxides métalliques (fer, manganèse, etc.) et de phosphates. Ces substances, qui représentent des silicates d'alumine, de potasse, des sels calcaires, des alcalis, doivent leur grand état de division aux altérations violentes subies par les roches dans les premiers âges du monde ; puis elles ont été transportées et déposées par le mouvement des inondations diluviennes. Depuis et de nos jours encore, les agents de l'atmos-

phère (*pluie*, *froid*, *acide carbonique*, *oxygène*) continuent ce travail excessivement
lent, mais constant, de désagrégation. Quant
à l'*humus* ou terreau qui fait partie essentielle
des sols cultivés, il ne peut être considéré,
surtout dans nos climats, comme entrant
originairement dans leur constitution, mais
bien comme introduit par l'enfouissement
successif des végétaux, des feuilles des arbres,
et puis ensuite des engrais.

Les éléments du sol qui contribuent à entretenir dans les végétaux les fonctions vitales
sont ceux qui, placés dans certaines conditions, sont susceptibles de devenir solubles,
soit par leur contact avec les eaux pluviales,
soit par leur mélange avec d'autres substances
minérales qui, les décomposant, en changent et
l'état et la nature. Dans ces conditions seules,
ils peuvent être assimilés. Ce travail ne se fait
que fort lentement, et il est très-heureux qu'il
en soit ainsi, car si ces substances minérales
jouissaient de la propriété de se dissoudre facilement, il arriverait ou que les eaux les enfouissant profondément dans la terre, elles
seraient perdues pour la plupart de nos végétaux qui vivent à la surface, ou que les pré-
sentant en trop grande quantité vers les racines et dans les canaux des plantes, elles
en entraveraient ou même en étoufferaient le
développement.

Engrais. — Les récoltes, nous le savons,

enlèvent chaque année au sol une grande quantité de principes minéraux ; il faudrait, pour que la terre reste toujours dans les conditions de fertilité, qu'elle pût en produire pendant le court espace de temps où elle est laissée en repos, des quantités suffisantes pour les récoltes successives. Mais nous l'avons dit précédemment, il faut un temps assez long pour que les principes inorganiques quelle contient deviennent assimilables. Aussi voyons-nous la fertilité des prairies comme celle des champs à céréales, diminuer chaque année de rapport, si nous ne réparons les pertes éprouvées par l'enlèvement des fourrages ou des grains. C'est au moyen des engrais que nous opérons cette restitution.

Les engrais minéraux, nous le comprenons, remplissent parfaitement ce but. Leur application intelligente rendra aux terres épuisées les matières minérales qu'elles auront perdues ; ainsi les cendres de paille répandues sur le sol, fourniront une abondante provision d'aliments minéraux aux récoltes à céréales, le plâtre alimentera les plantes qui ont besoin de chaux (trèfle, légumineuses, betterave, etc.), les cendres de bois, celles auxquelles il faut la silice et la potasse, etc. ; enfin, il n'est pas de sol qui, avec un engrais approprié, ne puisse donner des produits ; seulement il y aurait désavantage pour l'agriculteur d'avoir recours à des moyens exigeant des dépenses qui, souvent, ne pourraient être couvertes par la récolte.

Les engrais verts agissent de la même manière, sous ce rapport, que les engrais minéraux. L'enfouissement des fèves fournit les phosphates nécessaires à une récolte en froment, etc., etc. ; mais, dans ce cas, les cendres des végétaux sont produites par une combustion lente dans le sein de la terre.

On peut donner la même interprétation à la manière d'agir des engrais d'origine animale, car ceux-ci, comme l'a dit M. Liébig, ne sont autre chose que les cendres des plantes brûlées dans l'organisation animale. Cela est si vrai, qu'ils varient de composition suivant la nourriture consommée. Ainsi, chez les grainivores et les carnivores, l'urine renferme des phosphates, tandis que chez les herbivores, elle n'en contient pas. C'est que les aliments subissent, par l'acte de la digestion, une véritable combustion ; une certaine quantité des produits gazeux sont expirés par la peau sous forme d'eau et d'acide carbonique, d'ammoniaque, d'acide lactique, etc. Les autres, tels que le carbonne, l'hydrogène, l'azote, le soufre, l'oxygène sont absorbés pour constituer et remplacer le sang, la graisse, l'albumine, la fibrine, altérés par la vitalité. Les sels ammoniacaux et minéraux, les substances organiques solubles passent dans la vessie, et dissous dans l'eau, y constituent les urines, tandis que les sels insolubles, les débris organiques échappés à la digestion sont restitués par les excréments solides. On le voit, les aliments, pain, viande, légumes, foin, avoine, etc., éprouvent dans l'estomac une décomposition analogue à celle qu'ils subiraient si on les brûlait à l'air dans un fourneau; les éléments minéraux contenus dans ces substances resteraient à l'état de cendres, dont une partie serait soluble (sels des urines), et l'autre insoluble (sels des excréments).

Donc, quand nous répandons les fumiers animaux sur les terres, indépendamment de l'azote, nous leur fournissons les sels; et ceux-ci sont d'autant plus aptes à servir d'aliment aux plantes, qu'ils se présentent à elles, généralement, sous la même forme qu'elles les contiennent, par conséquent dans les meilleures conditions possibles d'assimilation.

Il n'est pas indifférent, quand on a pour but d'apporter au sol des substances minérales, d'employer un fumier récent ou un fumier fait; car, suivant qu'on le laissera plus ou moins vieillir, il en fournira des quantités bien différentes. Le résultat des analyses que je vais soumettre au lecteur va le prouver : j'ai agi sur trois échantillons de fumier de bêtes à cornes. Le premier était tout récent et n'avait éprouvé qu'une légère fermentation, il m'a donné pour un 1 kilogr. :

Eau . . . . 845 gr. 00
Substances combustibles . . 132 gr. 45
— minérales . . . 22 gr. 55

Un kilogr. du deuxième ayant six mois :

Eau . . . . 788 gr. 35
Substances combustibles . . 145 gr. 27
— minérales . . . 66 gr. 38

Enfin le troisième échantillon ayant douze à quinze mois et très-fait :

Eau . . . . 732 gr. 40
Substances combustibles . . 164 gr. 35
— minérales . . . 103 gr. 25

La composition de ces trois échantillons est représentée, à peu près en moyenne, par les trois quarts de leur poids d'eau, le septième environ de substances combustibles, et le seizième de sels minéraux solubles et insolubles. Mais l'on voit que, avec l'âge du fumier, la quantité de matières minérales augmente pour le même poids, que le troisième échantillon en contient cinq fois plus que le premier, et sera parconséquent plus efficace ; de là vient, sans doute, la préférence que beaucoup d'agronomes praticiens accordent au fumier fait sur le fumier récent.

Il est évident, d'après tout ce que nous avons dit, que si les fumiers agissent par leur azote, ils ont aussi une action importante sur la végétation par les sels minéraux qu'ils lui fournissent. Les expériences de M. de Saussure confirment dailleurs ce fait; ce savant en a tiré cette conséquence, que les cendres participent plus de la nature des engrais qu'ont reçus les végétaux, que du sol sur lequel ils ont cru.

État sous lequel les sels sont présentés aux plantes.

Les éléments minéraux , nous l'avons dit déjà, existent dans le sol à l'état soluble et à l'état insoluble ; nous les retrouvons encore ainsi dans les végétaux et leurs cendres ; devons-nous conclure de là, qu'ils ont passé du sol à la plante sous ces deux états différents ? Non. Il existe une condition commune et essentielle pour qu'ils puissent prendre part à son alimentation, c'est leur solubilité dans un véhicule approprié. Il nous suffira , pour mettre ce fait hors de doute, de porter quelques instants notre attention sur l'organisation de la racine.

La racine fait immédiatement suite à la partie aérienne du végétal ; elle se compose de trois parties distinctes : du corps de la racine *caudex*, que quelques botanistes considèrent comme la véritable racine, tandis que, selon d'autres, il n'est que le prolongement souterrain de la tige, du *collet* ou nœud vital, qui est la ligne circulaire , quelquefois peu apparente, séparant la tige de la racine ; enfin, des radicelles formant le chevelu du corps radiculaire.

Ces radicelles sont regardées par quelques physiologistes comme la véritable racine de la plante ; en effet, si l'on attribue à celle-ci la propriété d'absorber les aliments liquides ou gazeux fournis par le sol pour entretenir la vie dans les végétaux, aux radicelles seules doit être donnée cette appellation ; il est facile de s'en convaincre par une expérience que tout le monde peut répéter. Ainsi, en plongeant dans l'eau l'extrémité déliée d'un navet, on voit s'accroître ses feuilles , tandis que si , par un arrangement facile à exécuter , on plonge seulement le corps radiculaire et place hors du liquide sa radicelle , on verra le végétal cesser aussitôt de s'accroître, puis bientôt après se flétrir. C'est donc par la partie la plus déliée des racines que se fait l'absorption.

Portons un instant notre attention sur ces radicelles qui , dans la vie végétale, remplissent des fonctions si importantes. L'examen de cet organe au microscope nous le montre formé de petits vaisseaux ou veines s'étendant dans toute sa longueur, et se réunissant vers un point situé un peu au-dessus de son extrémité. Cette extrémité est constituée par un amas de petites cellules semblables à de

petites vessies, de forme plus ou moins régu-
lière, accolées les unes aux autres ; veines et
cellules communiquent ensemble. C'est à
travers les parois perméables de ces cellules
que pénètrent les liquides et les gaz ; là ils
sont pompés par les vaisseaux qui les répandent dans toute la plante. L'espèce de simi-
litude entre l'action exercée par l'extrémité
cellulaire de la radicelle sur les liquides et
celle opérée dans le même cas par l'éponge, a
fait donner à cette partie le nom de *spongiole*.
Aux spongioles seules revient donc le privi-
lége d'absorber dans le sol les matériaux d'accroissement.

Une propriété particulière à ces spongioles
est d'agir comme des filtres parfaits ; ainsi ,
elles ne laissent passer dans leur intérieur que
des liquides jouissant d'une limpidité extrême.
Tous les essais tentés dans le but de leur faire
absorber des solides, à quelque état de division et de ténuité qu'on les leur ait présentés, ont été infructueux : les poudres les
plus impalpables , la silice , suspendues dans
une solution de gomme arabique dans l'eau,
ont été constamment rejetées, tandis que la
gomme et le liquide passaient parfaitement
bien au travers.

Cette susceptibilité des racines nous démontre avec la dernière évidence que les sels
solubles et insolubles , retrouvés dans les

végétaux, y ont tous été indistinctement introduits dissous dans un liquide.

L'eau est le dissolvant général de toutes les substances inorganiques concourant à la nutrition.

Il semble difficile, au premier abord, de se rendre compte de l'action de ce liquide, quand on sait surtout que, parmi les principes minéraux existant dans les plantes, si les uns jouissent à des degrés divers de la facilité de s'y dissoudre, beaucoup d'autres en sont complètement privés ; ainsi, dans 100 grammes de cendres provenant d'un bon foin, nous trouvons :

1° 81ᵍ,2 substances insolubles.	Silice. . . . . . . 60,1 Phosphate de chaux 16,1 — de fer. . 5,0
2° 12ᵍ,5 substances très-peu solubles.	Magnésie. . . . . . 8,6 Chaux. . . . . . . 2,7 Sulfate de chaux. . 1,2
3° 5ᵍ,5 substances solubles.	Sulfate de potasse. . 2,2 Chlor. de potassium 1,5 Carbonate de soude. . 2,0

Nous comprenons fort bien que les aliments minéraux solubles dans l'eau, tels que ceux désignés au n° 3 et généralement tous les alcalis, puissent passer dans les plantes, se trouvant, par leur nature, placés dans les conditions favorables pour être absorbés par les spongioles ; nous pourrons encore rigoureusement, bien que très-peu solubles, nous rendre compte de la présence du sulfate de

chaux , de la chaux, de la magnésie dans les
végétaux en réfléchissant que pendant leur vie,
ceux-ci absorbent par les racines et expirent
par leurs feuilles des quantités d'eau considérables. Mais, pour les substances du n° 1,
telles que les phosphates de chaux, de fer, etc.,
la silice , les silicates, et en général tous les
oxides métalliques , leur caractère d'insolubilité dans l'eau, bien connu dans les laboratoires, doit nous faire supposer que, si ce liquide en devient le véhicule, ce n'est que
grâce à certains agents avec lesquels il les met
en contact pour en modifier la nature.

Conditions de solubilité des phosphates.—
Le phosphate de chaux, que l'on trouve dans
toutes les terres labourables et fertiles, est
désigné par les minéralogistes sous le nom
d'*apatite*. Il est complètement insoluble dans
l'eau pure , et n'y devient soluble que dans
les circonstances suivantes : A la température
et à la pression ordinaires, l'eau, chargée d'a-
cide carbonique ou d'un sel ammoniacal, en
dissout des quantités très-notables ; une solution de sel marin dans l'eau, ou de sulfate
d'ammoniaque, exercent sur lui une action
semblable. Examinons maintenant, si ces conditions, que nous savons trouver dans nos
laboratoires, pour en changer l'état , n'existent point dans la nature.

L'eau qui tombe des nuages , en traversant

les couches d'air, dissout et de l'acide carbonique, et du nitrate d'ammoniaque, qui y flottent sans cesse ; en s'infiltrant dans la terre, elle y trouve encore et des sels ammoniacaux, et de l'acide carbonique, provenant de la décomposition des matières organiques enfouies dans le sol. L'eau de pluie peut donc devenir le dissolvant du phosphate de chaux. Le sel marin, employé comme engrais, peut aussi, en présence de l'humidité du sol, contribuer à le rendre soluble. Le plâtre qui, mêlé aux engrais ou répandu sur les terres, se convertit partiellement en sulfate d'ammoniaque, deviendra encore, par l'intermédiaire de l'eau, un agent de solubilité pour ce sel. D'après cela, ce phosphate, dont la présence dans les végétaux, à une époque encore peu éloignée de nous, ne s'expliquait que par la propriété supposée aux organes des plantes d'engendrer des sels, acquiert par ces agents, comme nous pouvons le vérifier par l'expérience directe, la faculté d'être dissout et absorbé par les spongioles.

Le phosphate de chaux des os diffère un peu de l'apatite dans sa composition ; mais, soumis aux mêmes influences, il est soluble comme elle dans l'eau chargée d'acide carbonique ; c'est ce qu'a démontré récemment M. Lassaigne dans un mémoire présenté à l'Institut. Une solution de nitrate d'ammoniaque mise en contact avec la poudre d'os, en dissout aussi des quantités très-appréciables, ainsi que j'ai pu m'en convaincre par l'expérience.

Silicates. — Les silicates abondent toujours dans les sols arables, puisque ceux-ci sont généralement constitués par des mélanges, en proportions diverses, d'*argile*, agrégat de silicates de potasse, de soude et surtout d'alumine, de *sable*, agrégat d'argile et surtout de silice coloré par de l'oxide de fer, et enfin de calcaire se composant d'argile mêlé à plus ou moins de craie (*carbonate de chaux*). Mais ces sels se trouvent dans un état impropre à l'alimentation des végétaux, à cause de leur insolubilité absolue dans l'eau. Cependant les silicates, riches en soude et en potasse, ne résistent point dans les laboratoires à l'action prolongée de l'eau bouillante, surtout en présence d'un acide; l'eau renfermant de l'acide carbonique et à la température ordinaire, agit par son contact prolongé avec ces silicates, comme si elle se trouvait à une température élevée. L'expérience de MM. Polstorf et Wiegmann, que nous citons, confirme ce fait : du sable blanc traité par l'eau régale (*mélange d'eau forte et d'esprit de sel*), lavé ensuite à l'eau distillée pour le débarrasser de l'acide, a été mis en contact pendant trente jours avec de l'eau saturée d'acide carbonique. Après ce temps, on a trouvé dans cette eau du silicate et du carbonate de potasse, avec de la chaux et de la magnésie. Ce liquide avait agi plus énergiquement, pendant ce laps de temps, que les acides les plus forts.

L'eau de source et celle de pluie, renfermant l'acide carbonique, seront donc les solvants de ces silicates ; pas un seul ne résistera à son contact prolongé : la soude, la potasse, la chaux , la magnésie s'y dissoudront, soit seules, soit combinées avec de la silice , tandis qu'il restera de l'alumine en combinaison ou mélangée encore avec de la silice.

La chaux éteinte exerce encore une action énergique sur les argiles; elle en dégage, par l'intermédiaire de l'eau, les alcalis et en rend la silice soluble ; c'est à ces causes que doit être rapportée l'efficacité de la chaux employée comme amendement sur les sols compacts.

Carbonates terreux. — Nous devons faire remarquer que les carbonates insolubles, retrouvés dans les cendres, n'existent point ainsi dans l'organisation de la plante, que leurs bases y sont ordinairement combinées avec des acides organiques qui se décomposent par l'action du feu ; mais il arrive souvent qu'ils sont introduits sous cette forme dans les végétaux. Insolubles dans l'eau pure, ils sont solubles dans l'eau chargée d'acide carbonique, et deviennent ainsi aptes à la nutrition.

Influence de l'eau sur la végétation.

Après tout ce que nous avons dit de l'influence exercée par les substances minérales dans l'économie végétale, du rôle important joué par l'eau dans leur mode de transport pour l'alimentation, l'effet bienfaisant des pluies ne doit plus rien avoir de surprenant pour nous. Les eaux pluviales, en effet, n'agissent pas tant sur les plantes par les produits azotés et carbonés qu'elles leur apportent, mais bien plutôt, parce qu'en les enfouissant avec elles dans le sol, elles deviennent le véhicule des principes minéraux indispensables à leur développement ; aussi voyons-nous après les pluies de printemps ou les chaudes ondées de l'été la végétation se redresser avec vigueur, prendre un nouvel essor, et se revêtir en même temps d'une teinte vert plus foncé. C'est à l'affluence des alcalis, des silicates, des phosphates, etc., nécessaires à la formation ou au développement des organes, qu'elle doit cette exaltation de vitalité. Sans ces principes du sol, les plantes ne pourraient fixer ni l'acide carbonique, ni l'ammoniaque puisés dans l'air ou les engrais.

Lorsque la sécheresse désole nos campagnes, quand la terre a perdu son humidité, nous voyons les feuilles placées près du sol jaunir et se dessécher sans qu'aucune cause visible agisse sur elle. Dans les années, au contraire, où les pluies abondent, ce fait n'a pas lieu , pas plus qu'il ne se manifeste sur les végétaux à longues racines ou à verdure persistante. C'est encore à la privation des substances minérales qu'il faut attribuer ce dépérissement.

« Dans beaucoup de localités, dit M. Liebig, la récolte des blés dépend, pour toute l'année, d'une seule pluie ; lorsque la plante en est privée à une certaine époque, elle s'arrête dans son développement ; car cette absorption de l'eau est, à proprement parler, une absorption d'alcalis et de sels mis dans l'état convenable par les eaux pluviales. »

Nous le voyons, l'eau de pluie, comme celle des irrigations, prennent une part importante dans l'acte de l'assimilation ; aussi la nature, si riche, si variée dans ses ressources, en a fait un de ses produits les plus abondants et les plus répandus.

Avant de terminer, nous n'omettrons pas de mentionner l'effet bienfaisant que les fumiers exercent sur la végétation en introduisant dans le sol une quantité d'eau s'élevant quelquefois, comme nous l'avons vu, à plus des trois quarts de leur poids. Cette eau se trouve surtout dans toutes les conditions convenables pour être affectée au transport des matières minérales , tant solubles qu'insolubles , contenues dans le sol et les engrais.

RÉSUMÉ DE LA THÉORIE DES ENGRAIS ORGANIQUES.

Effets physiques. — I. Ils communiquent de la porosité au sol, y facilitent l'accès de l'air et de l'eau, et le rendent apte à retenir les gaz fertilisants.

II. Ils y introduisent l'humidité qui leur est propre et celle qu'ils ont la propriété d'attirer.

III. Ils réchauffent le sol par la chaleur résultant de leur décomposition.

Effets chimiques. — I. Ils fournissent par leur acide carbonique, produit de leur combustion lente au sein du sol, une partie du carbone que s'assimilent les végétaux.

II. Ils apportent, au moyen de l'ammoniaque, l'azote si nécessaire à la formation des organes naissants des plantes et de leurs principes nutritifs.

III. Au moyen de l'eau, ils procurent l'hydrogène indispensable à la constitution de tous leurs principes immédiats.

IV. Par leur acide carbonique et l'eau encore, ils y introduisent une partie de l'oxygène.

V. Enfin, ils fournissent les principes minéraux indispensables à une végétation exhubérante.

Nous pensons qu'il n'est point inutile,

avant d'abandonner l'importante question des engrais , de présenter au lecteur un tableau synoptique de leur emploi , il pourra , d'un seul coup-d'œil , embrasser tout le côté pratique de la question.

TABLEAU

DE L'EMPLOI DES ENGRAIS.

NATURE DE L'ENGRAIS.	SOLS SUR LESQUELS ON LES APPLIQUE.	PLANTES DONT ILS FAVORISENT LA VÉGÉTATION.
Engrais animaux.		
Fiente des volailles.	Humides , Froids , Tenaces.	Céréales , Trèfle (*effet plus énergique que le plâtre*), Orge (*pays de Caux*) , Lin (*Flandre*), Chanvre (*Calvados*) , Légumes des jardins.
Sang , Chair musculaire.	Argileux , Froids.	Plantes épuisantes.
Sabots , Laines ,	Calcaire , Légers ,	Rave , Choux ,

NATURE DE L'ENGRAIS.	SOLS SUR LESQUELS ON LES APPLIQUE.	PLANTES DONT ILS FAVORISENT LA VÉGÉTATION.
Poils, Plumes, etc.	Chauds.	Navette, Colza, Moutarde.
Os.	Tous les ter- rains.	Céréales, Pois, etc.
Gadoue.		Chanvre *aux en- virons de Gre- noble*, *Nice*, *la Toscane*.
Engrais flamand	Généralement à tous les ter- rains, mais plus spéciale- ment au ter- rains froids.	Luzerne, Tabac, Céréales, Lin, OEillette, Colza (*Flandre*).
Poudrette.		Toutes les plan- tes, celles à goût délicat excep- tées, Fleurs des jardins.

Engrais végétaux.

NATURE DE L'ENGRAIS.	SOLS SUR LESQUELS ON LES APPLIQUE.	PLANTES DONT ILS FAVORISENT LA VÉGÉTATION.
Jachère - cul- ture, Trèfle, Sarrazin.	Chauds, Légers, Secs.	Céréales.
Pois, Fèves.	Argileux.	Froment.
Débris végétaux, Buis, Bruyère, Ajoncs, Genets, Fougères.	Terres fortes.	Vigne, etc.

NATURE DE L'ENGRAIS.	SOLS SUR LESQUELS ON LES APPLIQUE.	PLANTES DONT ILS FAVORISENT LA VÉGÉTATION.
Feuil. de Choux, — de Navettes, — de Betteraves.	Terre calcaire.	Toute espèce de récoltes.

Engrais végéto-animaux.

Fumier de Mouton.	Froids, Argileux.	Colza, Navette, Choux, Chanvre *nuit au lin, à l'orge des brasseurs et au froment, quand la quantité est trop forte.*
Fumier de Vache.	Secs, Calcaires.	*Surtout* le Blé et l'Avoine, aux Vignes fines, *lorsqu'il est bien consommé.*
Fumier de Cheval.	Froids, mais bon pour tous.	Récoltes de toute espèce.
Fumier de Porc.	Brûlants.	Céréales, Chanvre, Houblon, Prés, *mais donne mauvais goût aux récoltes-racines.*

NATURE DE LENGRAIS.	SOLS SUR LESQUELS ON LES APPLIQUE.	PLANTES DONT ILS FAVORISENT LA VÉGÉTATION.
Engrais minéraux.		
Plâtre.	Tous les sols, mais convenablement fumés; action nulle sur un sol maigre et appauvri.	Trèfle, Sainfoin, Luzerne, Fèves, Haricots, Choux, Navette, Colza, Oignons (*liliacées*), Prairies artificielles.
Plâtras de démolition.	Tous les sols.	Avec succès à la culture de la Betterave.
Cendres lessivées.	Argileux, qu'elles dégraissent.	Blé, Pommes de terre, Prairies naturelles.
Sel marin.	Calcaires.	Effets controversés.
Sels ammoniacaux.		Prairies naturelles.

FORMATION DES PRINCIPES IMMÉDIATS DANS LES PLANTES.

La nature, nous l'avons déjà dit, a procédé avec une simplicité sublime à la création de la parure végétale qui couvre notre globe, déployant toute la richesse de ses ressources, avec deux, trois ou quatre éléments, combinés à l'infini, elle a su donner l'existence à la foule innombrables des principes immédiats qui la constituent, et doter chacun de ces divers corps de propriétés spéciales. Le carbone, l'oxygène, l'hydrogène, l'azote, tels sont les matériaux peu nombreux mis en œuvre par elle, dans cet immense laboratoire du règne organique ; quant aux autres éléments, considérés au point de vue élevé de la science, ils n'interviennent que d'une manière accessoire, et le plus souvent agissent mécaniquement comme moyen de solidification.

Parmi les principes immédiats que la chimie découvre dans les végétaux, et dont la longue liste fatiguerait la plus heureuse mémoire, un très-petit nombre seulement y dominent, s'y rencontrent d'une manière presque constante, et semblent rigoureusement essentiels à leur composition ; tels sont la CELLULOSE *trame des tissus cellulaires et ligneux*, la FÉCULE, la DEXTRINE ou *fécule, devenue soluble*, puis, les SUCRES de canne,

de lait, de raisins ou de fécule (*glucose*) et la
GOMME. Toutes ces substances, constituées
par la combinaison de trois éléments : le carbone, provenant de la réduction de l'acide
carbonique, l'hydrogène et l'oxygène, unis
dans les proportions de l'eau, en d'autres
termes, formées de carbone et d'eau, ne doivent la diversité de leurs propriétés, d'ailleurs si différentes, qu'à quelques millièmes
en plus ou en moins de l'un de leurs éléments ;
souvent même, l'analyse la mieux exécutée
dans ses détails, la plus exacte dans ses résultats ne décèle aucune différence dans la
composition de deux corps complètement
distincts. Nous allons nous en convaincre en
représentant dans un même tableau la composition de ces corps, dont la plupart nous
sont connus.

12 parties de carbone et 10 d'eau produisent CELLULOSE.
12 — — et 10 — — FÉCULE.
12 — — et 10 — — DEXTRINE.
12 — — et 11 — — GOMME.
12 — — et 11 — — SUCRE DE CANNE.
12 — — et 12 — — SUCRE DE LAIT.
12 — — et 14 — — SUCRE DE FÉCULE.

Sans nous préoccuper ici de l'arrangement
de ces éléments, nous voyons la cellulose, la
fécule, la dextrine, quoique douées de pro-

priétés diverses , être représentées par les mêmes quantités de charbon et d'eau. La gomme et le sucre de canne se trouver dans le même cas, et posséder une composition rigoureusement identique ; puis les autres corps ne différer des précédents et entr'eux que par des quantités d'eau en plus ou en moins. La fable des anciens sur le rôle créateur de l'eau semble être ici une vérité ; la moindre variation dans le nombre de ses parties métamorphose le composé dans ses formes et sa nature. C'est ainsi que sous l'influence de certains agents , nous voyons se modifier ces substances : la gomme chauffée à 130 degrés perd une partie d'eau et devient pour sa composition semblable aux trois corps précédents ; traitée par les acides , elle est convertie en dextrine, puis en sucre. Un fait réalisé par la chimie moderne, et qui nous eût paru bien mystérieux, se dévoile à nous bien simple et bien compréhensible ; en jetant un coup d'œil sur ce tableau , nous comprendrons maintenant la possibilité pour l'industrie de convertir en sucre, au moyen d'agents qui leur apporteront de l'eau , non seulement la fécule, mais encore les chiffons , le papier, la sciure de bois, substances toutes riches en cellulose.

Ne concenons-nous pas, bien qu'il soit impossible de vérifier le fait par l'observation directe, comment ces principes immédiats, si éloignés par nature, si rapprochés par leur composition, peuvent, sous l'influence puissante de la vie végétative, de l'attraction, de l'électricité et des autres agents de l'atmosphère, air, lumière, chaleur, etc., se modifier, se transformer les uns dans les autres et revêtir enfin des formes et des propriétés qui, à nos sens, peuvent paraître si différentes.

Il faut ajouter à la classe des principes immédiats, dont nous venons de parler, quelques acides organiques qui, comme eux, sont représentés dans leur composition, par du charbon et de l'eau. Ainsi l'acide acétique (vinaigre de bois) que l'on trouve combiné à la chaux, à la potasse ou à la soude dans la sève de toutes les plantes, est formé de CARBONE quatre parties et EAU trois parties. C'est quelques parties de charbon et d'eau en moins qui le font différer de la cellulose, de la fécule, de la dextrine et des sucres. Mais ces derniers composés sont susceptibles, soumis à l'influence d'agents fermentescibles, de perdre leur excédant en eau, en charbon, et de se transformer en acide acétique. D'après Chaptal, 25 grammes fécules à l'état d'empois, mélangés à 25 grammes levure de bière délayée dans un litre d'eau donneront du vinaigre en moins de huit jours. Les sucres placés dans les mêmes conditions, donneront le même résultat.

Une deuxième classe de principes immédiats peut être représentée comme les précédents par du charbon et de l'eau, mais avec une certaine quantité d'oxygène en plus ; elle comprend, à peu d'exceptions près, les nombreux acides des végétaux. L'acide oxalique (*oseilles*), tartrique (*raisins*), citrique (*citrons*), malique (*pommes*), tannique et gallique (*écorces de chêne*), etc. Certains de ces acides, sous l'influence de réactions puissantes, peuvent naître des corps de la classe précédente ; ainsi, l'amidon, les sucres traités par de l'eau forte engendreront l'acide oxalique.

Enfin, à la troisième classe de combinaisons se rattachent tous les corps qui ont pour composition le charbon et l'hydrogène sans oxygène, ou avec moins qu'il n'en faut pour représenter de l'eau avec leur hydrogène. Les huiles essentielles et grasses, la cire, les résines, etc., etc., se rattachent à cette classe de combinaisons.

Les réactions que ces combinaisons subissent entre elles, les métamorphoses qu'elles éprouvent au contact de certains agents, nous font certainement concevoir la possibilité de leur production ; mais il ne nous est point donné de suivre, dans le tissu des plantes, l'immense série de transformations subies par ces trois ou quatre éléments, charbon hydrogène, oxygène et azote. Quand nous cherchons à sonder les mystérieuses modifications de la matière organique, une chose nous échappe toujours, c'est le jeu de ces forces inhérentes à la vitalité, à l'organisation, forces sans cesse en présence, mais dont l'action énergique ne se manifeste point sous de brillantes apparences. La science, qui fait chaque jour de nouvelles conquêtes dans le champ si vaste ouvert à ses investigations, nous fournit quelques données théoriques sur l'origine et la formation des principes immédiats, et par suite sur l'accroissement des végétaux. Nous allons succinctement les exposer.

La fécule, toujours présente dans la graine des plantes annuelles et vivaces, paraît jouer, dans l'accroissement des végétaux, un des rôles les plus importants ; c'est d'elle, en effet, que dérivent les principes destinés à nourrir l'individu à naître : aussi, quand s'opère la germination, la voyons-nous disparaître peu à peu, en même temps que se forment et se développent la petite tige et les radicelles. Or, ces radicelles représentent la cellulose presque à l'état de pureté, et cette cellulose n'est autre chose que la substance formant, avec plus ou moins de matière incrustante, les parois des cellules végétales et le ligneux ou bois proprement dit ; donc, sans changer de composition, la fécule change de nature et devient susceptible de se transformer en bois.

Nous pourrions, par une foule de faits, démontrer ce que nous venons de dire sur la propriété de la fécule de se transformer en ligneux ; mais il nous suffira d'en citer deux seulement et des plus vulgaires pour mettre hors de doute cette vérité. Quand la pomme de terre germe dans nos caves, nous voyons ce tubercule se flétrir, diminuer de volume considérablement à mesure que la nouvelle pousse s'allonge ; si nous l'examinons à ce moment, nous voyons que presque toute sa fécule a disparu. Si nous faisons germer des graines de courges dans un pot plein de terre, bientôt les cotylédons, ingénieusement nommées *mamelles végétales*, sortiront de terre, s'aminciront peu à peu, prendront l'aspect de feuilles (*feuilles primordiales*), tandis que se développeront, aux dépens de sa fécule, et la tige et les racines.

La fécule contenue dans les graines sert donc d'aliments aux premières feuilles et aux premières racines des plantes. Elle ne suffirait cependant point par sa quantité, d'ailleurs fort restreinte, à fournir tout le ligneux nécessaire aux végétaux vivaces, susceptibles souvent d'atteindre des proportions colossales ; aussi, aux premiers organes fournis par elle, est dévolue la puissance, en absorbant dans l'air et le sol, et du charbon et de l'eau, d'en créer des provisions nouvelles. Ces provisions se logent dans le ligneux, circulent avec la sève d'août et se retrouvent jusque dans la souche et le chevelu des racines.

Mais la fécule, avec l'organisation qui lui est propre et l'insolubilité que nous lui connaissons dans un liquide aqueux (*la sève*), ne pourrait directement se transformer en cellulose; c'est seulement par une modification transitoire dans sa nature et ses propriétés, qu'elle acquiert une forme lui permettant de circuler librement et dans les cellules et dans les canaux, pour en augmenter la masse; cette forme nouvelle est celle du sucre, et elle n'a, pour la revêtir, qu'à s'incorporer une ou deux parties d'eau. Ainsi de 12 parties de carbone et 10 parties d'eau produisant FÉCULE, elle devient 12 parties de carbone et 11 parties d'eau produisant SUCRE DE CANNES, ou 12 parties de carbone et 12 parties d'eau produisant SUCRE DE RAISINS.

Cette métamorphose s'opère dans les grains d'orge, d'avoine, de blé, etc., sous l'influence d'une substance gommeuse nommée *diastase*, faisant partie intégrante de ces graines. La diastase, en présence de l'humidité et de l'élévation de température produite par la germination, change la fécule en dextrine (*fécule soluble*), sans en altérer la composition. Cette dextrine, toujours sous l'impulsion communiquée à ses éléments par l'agent modificateur (*diastase*), s'assimile de l'eau et revêt la forme du sucre; alors le sucre, obéissant à des forces inconnues, disparaît peu à peu, et perdant de l'eau juste assez pour devenir cellulose, forme la trame des tissus cellulaires et ligneux constituant les premières feuilles et les premières racines du végétal. Phénomène bizarre dans lequel nous voyons deux substances de composition identique passer successivement par une suite de produits intermédiaires de composition différente pour arriver à se transmuer l'une dans l'autre.

Chez les végétaux vivaces comme chez les plantes annuelles, nous voyons, une fois les premiers organes de la nutrition créés (*feuilles et racines*), de nouvelles provisions de fécule se produire avec le concours des éléments puisés dans l'air et les engrais. Ces provisions continuent de la même manière, à se transformer en ligneux, toujours par le contact de la diastase dont la présence a été signalée par M. Payen, près des jeunes pousses, dans les radicelles et l'intérieur des bourgeons.

Quelquefois, le sucre provenant de l'altération de la fécule, se convertit partie en cellulose et redevient en partie fécule; ainsi dans les céréales, le froment, par exemple, le sucre, que nous trouvons accumulé dans les parties tendres et blanches avoisinant les nœuds de la tige, monte dans les grains encore jeunes de l'épi, puis disparaît quand ceux-ci murissent pour fournir la fécule dont ils sont gorgés.

La formation du ligneux ne dépend point toujours de la présence du sucre dans les plantes : la gomme, qui peut aussi naître de la fécule, s'assimilant une partie d'eau, est susceptible de l'engendrer.

La fécule, le sucre et la gomme sont donc les trois principes immédiats prenant la part la plus importante dans l'accroissement des végétaux.

Nous venons de voir le ligneux ou cellulose naître de la fécule; il était curieux d'examiner si la transformation inverse pouvait s'opérer. La question a été affirmativement résolue par M. Payen. Ainsi, en traitant le ligneux par l'acide sulfurique affaibli, il arrive un moment où cette substance acquiert la propriété de bleuir au contact de l'iode comme la fécule et cette coloration ne disparaît, que lorsque la nouvelle substance amylacée s'est convertie en dextrine. Cette belle expérience et les faits cités plus haut, font ressortir l'intime analogie existant entre toutes ces substances en apparence si diverses.

Les nombreux acides organiques appartenant à la deuxième classe des principes immédiats, sont susceptibles de se métamorphoser entre eux. L'acide oxalique, tirant directement son origine de l'acide carbonique, de l'air ou des engrais, paraît être le point de départ des transformations successives qu'ils éprouvent pendant la végétation. Ce qui semble donner quelque probabilité à cette hypothèse, c'est la propriété que possèdent les acides tartrique, citrique, malique, traités par certains agents énergiques, de se convertir en acide oxalique.

Mais ces acides servent encore d'intermédiaires à la formation de certains principes immédiats de la première classe ; c'est ainsi que nous voyons l'acide tartrique des raisins, l'acide citrique des cerises et des groseilles, l'acide malique des pommes, disparaître peu à peu pour fournir le sucre au fruit, à mesure qu'il approche de sa maturité ; ces acides des fruits verts peuvent donc, sous l'influence d'une température convenable et par les soins de la culture, se métamorphoser en sucre.

A l'acide tartrique, que nous trouvons d'abord dans les fruits verts du sorbier, se substitue l'acide malique qui, lui même, se trouve converti peu à peu en gomme, lorsque le fruit est entièrement mûr.

Quant aux huiles essentielles, aux baumes, aux résines faisant partie des principes immédiats de la troisième classe, voilà comment on explique leur formation : les arbres qui les sécrètent, les pins, les sapins, par exemple, ne perdant jamais leurs feuilles, conservent en tout temps la propriété d'absorber et de décomposer l'acide carbonique ; or, cet acide carbonique , qui, pendant l'été et lorsque la sève circule librement, se convertirait en bois ou en une autre partie végétale , perd cette faculté pendant l'hiver (à défaut d'absorption d'alcalis) et suinte alors à travers l'écorce sous forme de baumes, de résines et d'essences.

VUES GÉNÉRALES SUR LES FONCTIONS DU RÈGNE VÉGÉTAL.

Utilité des végétaux.

Sans les végétaux , la terre offrirait le désolant spectacle de la sécheresse et de l'aridité. Le Créateur , en étalant sur sa nudité un manteau de verdure, y a répandu la fraîcheur et l'abondance ; il a ouvert au regard et à l'intelligence de l'homme une source sans cesse renaissante d'énivrantes jouissances , de sublimes émotions.

Les végétaux, en effet , par la variété dans la taille et dans les formes , impriment un paysage de chaque contrée, une physionomie propre, physionomie qui , se réflétant avec intensité dans notre mémoire , y fixe pour toujours le souvenir des sites gracieux ou pittoresques que nous avons visités.

La contemplation des richesses végétales du globe exerce sur l'âme une puissance et un attrait irrésistibles ; chaque contrée, des pôles à l'équateur, nous présente des beautés de genres divers. Dans les régions hyperboréennes, au-dessus d'une végétation rabougrie par les rigueurs du climat, s'étendent en vastes forêts les pins, les thuyas, les sapins ; leur masse sombre et éternellement verte domine un sol désert et presque toujours enseveli sous une nappe de neige. Ailleurs, dans la Crimée, la Tartarie et certaines contrées de l'Amérique, les végétaux herbacés s'étalent en immenses savanes, en steppes verdoyantes. Dans les climats tempérés, où vivent en plus grand nombre les hommes et les animaux, sont surtout rassemblées les plantes sociales, c'est-à-dire, les plus utiles à leurs plaisirs et à leurs besoins. Sous le ciel des tropiques, dans une chaude et lumineuse atmosphère, là où la nature organique est entourée de toutes les conditions favorables à un développement vigoureux, la végétation déploie tout le faste de ses formes originales et gigantesques, les palmiers au stipe élancé dominent de leur éventail de feuilles les arbres des forêts, les cactus laissent pendre de leur tige bizarre des fleurs splendides de formes, éclatantes de couleurs. Là croissent les fougères arborescentes, les lianes à tige voluble, les bahinias grimpants, les banistères dont les fleurs dorées s'entremêlent au feuillage touffu des grands arbres ; là s'élèvent les bambous, ces graminées gigantesques et ligneuses; c'est encore la patrie de ces forêts vierges dont les beautés sauvages et romantiques ont inspiré à notre immortel poète, Chateaubriand, des pages saisissantes de coloris et de vérité.

Mais si le règne végétal, par la riche variété de ses formes, fait naître en nous de douces jouissances, il fournit encore à la satisfaction de nos besoins, aux progrès même de la civilisation des matériaux indispensables.

L'homme trouve dans le bois sa première arme contre la férocité des animaux, son premier abri contre l'intempérie des saisons; il en fait jaillir le feu pour réchauffer ses membres et préparer ses aliments; il le façonne pour féconder la terre, en extraire les métaux et les fondre. Plus tard, il s'en sert pour transporter d'un peuple à l'autre, à travers les continents et les mers, les produits de l'industrie et ceux de l'intelligence; il en construit ces puissantes machines qui, décuplant ses forces, l'affranchissent peu à peu du travail corporel et lui laissent les loisirs de développer par l'étude les nobles facultés de l'esprit et du cœur.

Dans d'humbles végétaux, le cotonnier, le lin, le chanvre, il trouve des substances textiles qui, sous sa main ingénieuse, se transforment en précieux vêtements; de leurs débris mis en pâte et laminés , il crée le papier , ce confident des pensées intimes , ce propagateur actif des conceptions de l'intelligence.

D'autres plantes lui fournissent les nombreuses substances tinctoriales , l'indigo , la garance, etc. , dont la teinte vive ou sombre, appliquée aux vêtements , semblent s'harmoniser avec les sentiments , la position sociale de l'homme et le caractère des nations.

Dans les végétaux, enfin, il sait en choisir un certain nombre , qu'il applique au soulagement de ses maux , à la guérison de ses maladies.

Nous n'avons pas besoin d'ajouter que plusieurs d'entre eux lui servent d'aliments salubres et agréables.

Mais les végétaux, tout en satisfaisant aux plaisirs et aux besoins de l'homme, sont appelés à jouer dans l'économie de la nature organisée un rôle tout autrement important ; ils sont chargés , à l'aide même des fonctions de la nutrition , de maintenir entre les éléments de l'air les conditions d'équilibre et de pureté nécessaires à l'entretien de la vie, puis d'élaborer les principes nutritifs sans lesquels la grande classe des animaux herbivores qui nous sert d'aliments ne saurait exister. Considérés sous ce vaste aspect, les végétaux deviennent un des chaînons essentiels de cet harmonieux ensemble de la création.

Parmi les éléments gazeux dont le mélange constitue l'atmosphère entourant notre globe, il en est un qui a pour caractère distinctif d'entretenir la respiration chez les hommes et les animaux, de là le nom d'*air vital* qu'on lui donna d'abord, puis celui d'oxygène. Ce gaz, nous l'avons vu, y entre dans les proportions de 23 pour cent en poids. Cette quantité paraît être la plus favorable aux conditions de la vie animale ; plus grande, elle exalterait la vitalité et, par suite, en abrégerait la durée ; moindre, elle en entraverait l'essor et produirait un résultat identique. Il est donc important qu'elle reste toujours la même. Cependant les hommes et les animaux, en aspirant l'air pour les besoins de la respiration et l'entretien de la vie, ne le rendent point à l'atmosphère tel qu'ils le lui ont pris ; chaque homme s'introduit dans la poitrine, par chaque aspiration, environ un tiers de litre d'air, et cet air expiré a perdu environ un quart de son oxygène dont la presque totalité est convertie en acide carbonique ; dans vingt-quatre heures, un homme introduit 306 litres de cet acide dans l'atmosphère. La population de Paris, hommes et chevaux, en émet approximativement dans le même temps 470 millions de litres.

Le bois, la houille, brûlés pour nos besoins privés ou ceux de l'industrie, la cire, le suif, l'huile, consumés pour l'éclairage, prennent de l'oxygène à l'air et lui rendent de l'acide carbonique. Paris seul, pendant vingt-quatre heures, en produit près de 3 milliards de litres.

Du cratère des volcans en activité s'épandent des torrents d'acide carbonique.

La décomposition spontanée des matières organiques, leur fermentation, concourrent d'une manière puissante à sa production.

La respiration, la combustion, la putréfaction tendent donc à substituer, lentement et d'une manière continue, un gaz délétère à un gaz vivifiant, et, si rien ne venait contre-balancer leur fâcheuse influence, il arriverait une époque, très-éloignée de nous sans doute, où l'air vicié deviendrait complètement impropre à la vie organique; alors disparaîtraient de la surface de notre planète les hommes et les animaux. Mais le règne végétal est à l'œuvre : tandis que les animaux consomment l'oxygène et produisent l'acide carbonique, lui, effectue l'opération inverse, il aspire l'acide carbonique et rend l'oxygène ; autant de volume d'acide émis, autant de volume d'oxygène rendu à l'air. C'est dans ces conditions contraires de la vie chez le végétal et chez l'animal que réside tout le mystère de l'équilibre constant entre les éléments de notre atmosphère. Arrêtons-nous quelques instants sur cette fonction importante de la plante.

Nous avons constaté précédemment que les végétaux pour s'accroître fixent de grandes quantités de carbone, que ce carbone dérive exclusivement de l'acide carbonique renfermé dans l'air ou enfoui dans le sol ; nous savons aussi que les feuilles et les racines sont les organes au moyen desquels ils l'absorbent.

Tous ces faits sont faciles à constater : M. Boussingault a dirigé sur des feuilles de vigne, enfermées dans un espace clos, un courant d'air très-rapide, et cet air en sortait complètement privé de son acide carbonique. C'est donc avec une prodigieuse avidité que les feuilles aspirent l'acide carbonique de l'air.

Dans la structure propre à ces organes aériens, nous trouverons la cause de ce phénomène ; à ce point de vue, elle mérite de fixer quelques instants notre attention.

L'épiderme, partie la plus extérieure de la feuille, est constituée par une membrane excessivement mince, résistante, sans organisation appréciable (*cuticule*), recouvrant une ou plusieurs couches de cellules à parois épaisses, diaphanes, incolores, elle enveloppe le parenchyme formant la portion épaisse et

intérieure. Ce parenchyme est un amas de
cellules allongées, pleines de liquides, dans
lesquels nagent les granules verts (*chlorophylle*), donnant aux feuilles cette coloration
généralement commune à toutes. Au milieu
de ces cellules, on trouve des espaces vides
(*meats inter-cellulaires*) contenant de l'air
et communiquant ensemble, des vaisseaux y
charriant la sève, d'autres livrant passage à
l'air extérieur ou à celui venant des racines.
Mais un des détails le plus saillant comme le
plus curieux de l'organisation de la feuille,
c'est la présence, dans l'épaisseur de l'épiderme, de petites ouvertures ovales, bordées
d'une sorte de bourrelet saillant, bourrelet
ou lèvre qui, se dilatant ou se contractant,
ouvre ou ferme ces petites bouches. On accorde à ces ouvertures, nommées *stomates*,
la propriété d'aspirer les fluides acriformes et
de les transmettre aux espaces intercellu-
laires où s'en opère la diffusion.

Dans les plantes herbacées, les stomates se
montrent aux deux faces de la feuille ; généralement on les observe en plus grand nombre
à la face inférieure chez les arbres, tandis que,
dans les plantes aquatiques, dont les feuilles
s'étalent à la surface des eaux, on ne les rencontre qu'à la face supérieure en contact avec
l'air ; dans ce dernier cas se décèle la fonction vraie des stomates, qui est d'absorber

l'air et non l'eau comme on l'avait annoncé d'abord.

La ténuité de ces organes de préhension est excessive et leur nombre souvent prodigieux. Ainsi, sur une lame d'épiderme d'un pouce carré, prise sur la face supérieure de la feuille de l'œillet, on en a compté jusqu'à 38,500 ; sur la face inférieure du lilas, 160,000.

Nous nous sommes arrêtés, avec intention, aux détails de la structure de la feuille, parce que là nous verrons s'opérer les prodigieux phénomènes de la purification de l'air et de la nutrition du végétal.

Si nous avons déjà démontré que les racines absorbent avec avidité les liquides imprégnant le sol, il ne nous sera pas difficile de le faire pour les gaz et surtout pour l'acide carbonique qui y sont condensés. Un arbre coupé en pleine sève en laisse s'échapper, par la partie du tronc tenant encore à la terre, d'énormes quantités (M. Boucherie). Cela ne doit point nous étonner, quand nous saurons, d'après un travail récent de MM. Boussingault et Lévy, qu'une couche de terre arable de 35 centimètres d'épaisseur peut contenir de 300 à 1,500 mètres cubes d'air renfermant 14 pour cent d'acide carbonique, et que l'air renfermé dans une terre récemment fumée, fournit autant d'acide carbonique que

200,000 mètres cubes d'air atmosphérique normal.

Mais comment s'opère dans les végétaux cette transformation, en oxygène, de l'acide carbonique fourni par les animaux ?

Pendant la vie des plantes, leurs organes ne cessent de fonctionner un seul instant, les feuilles par les stomates, les racines par les spongioles absorbent constamment dans l'air et le sol l'acide carbonique; ce composé gazeux (charbon oxygène) accumulé dans le végétal filtre bientôt, sans modification, à travers toutes ses parties, puis s'exhale par les feuilles dans l'atmosphère ; c'est le cas de la plante végétant dans l'obscurité. Mais aux premiers rayons du jour, aussitôt que le soleil s'élève à l'horizon, tout-à-coup s'arrête cette émission d'acide carbonique et la scène change. Arrivé dans les parties vertes de la plante et surtout dans les feuilles, ce gaz se dissocie dans ses éléments, l'oxygène se répand dans l'atmosphère et le carbone reste fixé dans la plante ; là, combiné avec des proportions variables d'eau, il enfante ces principes immédiats, éléments fondamentaux de l'organisation.

Si nous comprenons que dans l'obscurité, ces substances gazeuses ou liquides puisées dans le sol passent sans altération à travers le tissu des plantes, comme à travers les mailles d'un tamis , nous ne pouvons que constater , mais sans nous en rendre compte, l'influence qu'exercent sur elles les rayons lumineux et le rôle mystérieux que joue la partie verte des plantes dans leur décomposition.

Spectacle étonnant : d'un côté, nous voyons ces parties vertes (*chlorophylle*) décomposer à froid un des corps les plus stables , l'acide carbonique , et constituer un véritable appareil chimique incomparable pour l'énergie à nos plus puissants instruments. De l'autre , nous apercevons la végétation , inerte et endormie dans l'obscurité s'éveiller au grand jour pleine d'activité et de puissance. La lumière est donc l'agent qui met en action ces admirables forces chimiques de la vie végétale ; voilée par les nuages ou radieuse au milieu d'un ciel pur : tant qu'elle brille sur l'horizon, le végétal se nourrit , s'accroît , aspire l'acide carbonique , exhale l'oxygène et restitue à l'air le principe vivifiant détruit par les animaux.

Mais cette action bienfaisante des plantes sur l'air est bornée seulement au jour, tandis que les animaux y détruisent nuit et jour l'oxygène ; en hiver , les arbres sont dépouillés de feuilles , la vie végétale est presque éteinte. Tandis qu'en été , la terre se couvre de verdure. Ces alternances dans les effets de la végétation , on l'avait cru d'abord , devaient

modifier les proportions d'acide carbonique
et d'oxygène contenues dans l'air ; mais si
cela est vrai et sensible pour une portion d'air
confinée dans une salle, ces variations locales
disparaissent dans la masse de l'atmosphère.
Les couches d'air sans cesse en mouvement,
affluent dans un même lieu et des pôles et de
l'équateur. Quand la végétation cesse dans
les zônes froides ou tempérées, alors des contrées où elle est en pleine activité, elle nous
envoie l'oxygène. Le courant d'air qui de la
zône torride nous apporte l'oxygène, nous
enlève l'acide carbonique produit dans nos
hivers, et le porte dans ces climats où la
végétation éternelle en a toujours besoin.

Mais c'est surtout comme inépuisable pro-
ducteur de la matière organique destinée à la
consommation des animaux, que le règne végétal mérite toute notre reconnaissance. Seul
il puise dans le sol par ses racines, dans l'air
par ses feuilles, les principes nécessaires à
l'existence des deux règnes; seul il les façonne
pour servir de pâture aux animaux qui n'ont
plus qu'à s'en emparer et à se les assimiler
par la digestion. Des végétaux, la classe des
herbivores extrait pour les besoins des carnivores les substances alibiles ; sans végétaux
donc, pas de vie sur la terre. — Sublime en-
chaînement de causes et d'effets qui, par l'intermédiaire des conditions d'existence propre à

chaque classe du règne organisé, relie dans une solidarité commune, toutes les parties de la création pour en constituer un tout plein d'harmonie suave et de majestueuse grandeur; et si, avant de terminer, nous rappelons que sous l'influence seule de la lumière, se met en jeu ce sublime appareil de la nature organique, nous nous écrierons avec l'immortel Lavoisier (*) : « L'organisation, le sentiment,
» le mouvement spontané, la vie n'existe qu'à
» la surface de la terre et dans les lieux expo-
» sés à la lumière. On dirait que la fable du
» flambeau de Prométhée était l'expression
» d'une vérité philosophique qui n'avait point
» échappé aux anciens. Sans la Lumière, la
» nature était sans vie, elle était morte et
» inanimée : un Dieu bienfaisant, en appor-
» tant la lumière, a répandu sur la surface
» de la terre l'organisation, le sentiment et la
» pensée. »

____

(*) Traité de chimie, page 202. Tome I.

FIN.

TABLE DES MATIÈRES.

ERRATA.

Page 22, ligne 20, au-dessous — lisez au-dessus.
— 58, — 5, nécessaires — lisez nécessaire.
— 75, — 17, à l'alimentation ; — lisez à l'a-
limentation ,
— 80, — 20, pousse vigourcuse ; — lisez
pousse vigoureuse ,
— 80, — 21, d'un — lisez d'en.